TRANSPIRATIONSVERSUCHE MIT BETA-RÜBEN IM LABORATORIUM UND FREILAND

INAUGURAL-DISSERTATION

ZUR

ERLANGUNG DER DOKTORWÜRDE

DER

HOHEN PHILOSOPHISCHEN FAKULTÄT

DER

UNIVERSITÄT LEIPZIG

EINGEREICHT VON

WERNER PHILIPP

SPRINGER-VERLAG BERLIN HEIDELBERG GMBH 1931

Angenommen von der mathematisch-naturwissenschaftlichen Abteilung der Philosophischen Fakultät auf Grund der Gutachten der Herren Zade und Ruhland.

Leipzig, den 6. Juli 1931.
                 Golf
                   d. Z. Dekan
            der mathematisch-naturwissenschaftlichen
             Abteilung der Philosophischen Fakultät.

Additional material to this book can be downloaded from http://extras.springer.com

ISBN 978-3-662-40539-0   ISBN 978-3-662-41018-9 (eBook)
DOI 10.1007/978-3-662-41018-9

Erschienen im ,,Archiv für Pflanzenbau"
(Wissenschaftliches Archiv für Landwirtschaft), Abt. A, Bd. 8, H. 1. 1931

Inhaltsverzeichnis.
Einleitung.
  I. Untersuchungen allgemeiner Art.
      1. Transpiration wachsender und abgeschnittener Pflanzen (S. 71).
      2. Der Transpirationsverlauf nach dem Abschneiden (S. 73).
      3. Die Tranpiration einzelner Blätter (S. 80).
      4. Die Transpiration des Rübenkörpers (S. 84).
      5. Bezugsquellen (S. 85).
      6. Streubreitenversuche (S. 86).
  II. Transpirationsversuche mit 21 Futter- und Zuckerrübensorten.
      1. Das Pflanzenmaterial (S. 88).
      2. Die Technik des Verfahrens (S. 89).
      3. Ergebnisse (S. 92).
      4. Morphologische Merkmale und ihre Beziehungen zur Transpiration (S. 102).
      5. Vergleich des Wasserverbrauchs mit dem Ertrag an Wurzelmasse, Trockensubstanz und Zucker (S. 104).
  III. Transpiration und Umwelt.
      1. Einfluß von Licht, Temperatur und Luftfeuchtigkeit (S. 106).
      2. Einfluß der Bodenfeuchtigkeit (S. 107).
      3. Einfluß der Luftbewegung (S. 107).
      4. Einfluß des Taues (S. 111).
          a) Feststellung der gefallenen Taumenge (S. 111).
          b) Tau und Transpiration (S. 113).
      5. Transpiration in der Nacht (S. 114).
Zusammenfassung (S. 115).
Literaturverzeichnis (S. 119).

Einleitung.

Schon seit Jahrzehnten wird das Wasserhaushaltproblem unserer Kulturpflanzen auf die verschiedenste Weise zu lösen versucht. Aber erst in neuerer Zeit haben uns die Arbeiten von *Arland*[1-4], *Zade*[32, 33] und *Reiss*[25] eine Methode in die Hand gegeben, mit deren Hilfe man brauchbare Werte über die Wasseransprüche der Pflanzen gewinnen kann. Durch Anwendung und Ausarbeitung der *Arland*schen Anwelkmethode soll in vorliegender Arbeit die Wasserabgabe von Betarüben am Standort näher untersucht werden. In versuchstechnischer Hinsicht waren bei Rüben verschiedene Schwierigkeiten zu überwinden, die mit dem Alter der Pflanzen zunahmen. Besondere Transpirationsgestelle und eine Spezialwaage mußten konstruiert werden. Der Transpirationsverlauf nach dem Abschneiden wurde eingehend untersucht. Ein besonderes Kapitel nimmt die Prüfung einer größeren Zahl von Rübensorten auf ihren Wasserverbrauch nach dem Anwelkverfahren ein. Diese Feststellungen sind für die landwirtschaftliche Praxis von Bedeutung, da besonders bei Rüben, deren Hauptentwicklung in die trockene Jahreszeit fällt, von der richtigen Wahl der Sorte häufig der Erfolg des Anbaues abhängt. Ausführlichere zahlenmäßige Angaben über die Wasseransprüche von Betarüben liegen bisher kaum vor. Auch auf einige die Umwelt betreffende Einflüsse auf die Transpiration wurde näher eingegangen. Die Einwirkung des Windes auf die Wasserabgabe erfuhr dabei besondere Berücksichtigung. Aus der zahlreichen Literatur, die den Wasserhaushalt behandelt, sei besonders auf die zusammenfassenden Arbeiten von *Burgerstein*[8, 9, 10], *Maximow*[19] und *Seybold*[26, 27] und die darin angeführten einzelnen Literaturangaben hingewiesen.

I. Untersuchungen allgemeiner Art.

In den ersten Abschnitten sollen einige Versuche beschrieben werden, die die Wasserabgabe abgeschnittener und im Gefäß wurzelnder Rübenpflanzen vergleichen lassen. Diese Feststellung ist für die Anwendung der Anwelkmethode von Bedeutung, da bei diesem Verfahren von dem Wasserverbrauch der abgeschnittenen Pflanze auf die Wasserabgabe der bewurzelten geschlossen wird. Ferner sollen noch einige andere Fragen geklärt werden, die mit der Anwelkmethode im Zusammenhang stehen.

1. Transpiration wachsender und abgeschnittener Pflanzen.

Wenn man mit abgeschnittenen Rüben arbeiten will, um den Wasserverbrauch festzustellen, ist es zweckmäßig, zur Kontrolle der Methode die Transpiration der Pflanze im bewurzelten und im abgeschnittenen Zustand vergleichsweise zu prüfen. Einige Laboratoriumsversuche dienen dieser Aufgabe. Die erste Versuchsserie (Tab. 1) zeigt *die Wasserabgabe junger Rübenpflanzen* von etwa 10 cm Größe, die in kleinen, mit Erde gefüllten Gläsern wuchsen. Durch Wägung auf der analytischen Waage wurde in Zeiträumen von je 30 Minuten dreimal hintereinander der Wasserverlust gemessen, um feststellen zu können, ob bei der wachsenden Pflanze Schwankungen in der Transpirationsstärke vorhanden sind. Anschließend wurde die Wasserabgabe der mit einer Schere an der Erdoberfläche abgeschnittenen Pflänzchen nach halbstündiger Anwelkdauer auf der gleichen Waage festgestellt. Die Evaporation des Bodens war dadurch ausgeschaltet worden, daß ein Vaselin-Lanolin-Gemisch, wie es auch zum Abdichten des Exsiccators

Tabelle 1. *Wasserabgabe 5 Wochen alter, in kleinen Gläschen wachsender Rübenpflanzen.* Gewogen in Zeitabständen von 30 Minuten, zuerst dreimal wachsend, dann abgeschnitten.

	1. Pflanze g	2. Pflanze g	3. Pflanze g	4. Pflanze g	5. Pflanze g	6. Pflanze g	7. Pflanze g	8. Pflanze g	9. Pflanze g	10. Pflanze g
Wachsend:										
Während d. 1. (30 Min.)	0,0104	0,0154	0,0208	0,0060	0,0214	0,0098	0,0122	0,0110	0,0200	0,0237
„ „ 2.	0,0095	0,0162	0,0200	0,0060	0,0234	0,0107	0,0146	0,0104	0,0180	0,0221
„ „ 3.	0,0098	0,0130	0,0212	0,0072	0,0228	0,0110	0,0123	0,0110	0,0189	0,0220
Abgeschnitten:										
In 30 Minuten	0,0098	0,0130	0,0224	0,0078	0,0220	0,0116	0,0134	0,0114	0,0196	0,0230
Frischgewichte der Pflanzen	1,2000	1,3130	1,7530	0,8178	1,8975	1,2057	0,9550	1,0554	1,1000	1,9484

Versuchsort: Laboratorium; Sorte: Leutewitzer gelbe Futterrübe. Beleuchtung: sechs 50-Watt-Lampen; Temperatur: 24 bis 25°. Relative Luftfeuchtigkeit: 50%. Wasserkapazität des Bodens mit 80—90% gesättigt.

verwendet wird, sorgfältig aufgetragen wurde. Die Wundstelle der abgeschnittenen Pflanze war sofort nach dem Abschneiden mit Paraffin abgedichtet worden. Die Ergebnisse zeigen, daß *junge Rübenpflanzen, im Laboratorium abgeschnitten und angewelkt, sich eine halbe Stunde genau so weiter verhalten wie bewurzelt*, die aufgetretenen Abweichungen kamen in gleicher Höhe auch bei den wachsenden Pflanzen vor. Die geringfügigen Unterschiede liegen zweifellos innerhalb der Fehlergrenze. Die Wassergabe war bei der künstlichen Beleuchtung mit sechs 50-Watt-Lampen und bei einer Temperatur von 23—24° ziemlich gering.

Will man *den Wasserverbrauch größerer Rüben* auf die angegebene Art feststellen, dann stößt man auf beträchtliche Schwierigkeiten. Die Versuche zeigten, wie auch die Erfahrungen anderer Autoren (*Dikussar*[11]) bestätigen, daß man Betarüben höchstens in ganz großen Gefäßen zur vollen Entwicklung bringen kann. Außerdem gestatteten die zur Verfügung stehenden Waagen keine so genaue gewichtsmäßige Feststellung der Transpiration von Pflanzen in größeren Gefäßen, wie das im abgeschnittenen Zustand möglich war. Bei den nächsten Versuchen wurde die Wasserabgabe älterer Pflanzen mit einer Waage bestimmt, die 3 kg Belastung zuläßt und auf 0,02 g genau wiegt. Die in 15 cm hohen Töpfen herangezogenen Rüben waren etwa 20 cm groß. Jedes Gefäß enthielt eine Pflanze. Eine durch mehrfaches Eintauchen der Gefäße in flüssiges, heißes Paraffin geschaffene undurchlässige Schicht verhinderte die Verdunstung von Wasser aus Topf und Boden. Die Pflanze selbst wurde vorher an ihrem untersten Teil bis ungefähr 5 mm über den Erdboden mit einer dünnen Schicht Vaseline versehen, um eine Beschädigung durch das etwa 80° heiße Paraffin zu verhindern. Die Ergebnisse zeigen (Tab. 2) die auffallende Erscheinung, daß *die im abgeschnittenen Zustand untersuchten Pflanzen mehr Wasser abgaben als im wachsenden.* Das abweichende Verhalten der Pflanze 4 kann nur damit erklärt werden, daß durch das Erkalten der Paraffinschicht Risse entstanden sind, die übersehen wurden und durch die etwas Wasser verdunstete. Um den Verlauf der Wasserabgabe vom Zeitpunkt des Abtrennens an näher zu untersuchen, muß die Transpiration in kürzeren Zwischenräumen gewichtsmäßig festgestellt werden. Dieses Ziel haben die in den nächsten Abschnitten beschriebenen Versuche.

Tabelle 2. *Wasserabgabe 7 Wochen alter, etwa 20 cm großer Rübenpflanzen.* Zuerst im Gefäß gewogen, dann abgeschnitten und je 30 Minuten angewelkt.

Pflanze Nr.	1 g	2 g	3 g	4 g	5 g	6 g	7 g	8 g	9 g	10 g
Gewichtsverlust der wachsenden Pflanze in 30 Minuten	0,20	0,30	0,40	0,45	0,68	0,40	0,47	0,57	0,46	0,94
Gewichtsverlust der abgeschnittenen Pflanze in 30 Minuten	0,30	0,40	0,44	0,40	0,73	0,42	0,53	0,61	0,53	1,03
Frischgewichte d. Krautes in g (ohne Rübenkörper)	27,65	24,95	31,82	26,90	41,05	23,12	32,55	35,70	30,95	49,65

Versuchsort: Laboratorium; Sorte: Substantia. Beleuchtung: sechs 50-Watt-Lampen; Temperatur: 25°. Relative Luftfeuchtigkeit: 55%. Wasserkapazität des Bodens mit 60% gesättigt.

2. Der Transpirationsverlauf nach dem Abschneiden.

Das Abschneiden der Pflanze mit einem scharfen Messer oder einer Schere stellt einen so gewaltsamen Eingriff in die natürlichen Funktionen der Leitbahnen in der Pflanze dar, daß bei dem stetig fließenden Transpirationsstrom mit der Möglichkeit einer Störung zu rechnen ist. Von welchem Zeitpunkt an und mit welchen Nebenwirkungen sich die plötzliche Unterbrechung des Wassernachschubes aus dem Boden durch das Abschneiden auswirkt, soll durch die nächsten Versuche festgestellt werden.

a) 5-Minuten-Wägungen im Laboratorium nach der Anwelkmethode.

Zur Prüfung des Transpirationsverlaufes nach dem Abschneiden wurde *der Wasserverlust in Abständen von 5 Minuten* festgestellt. Die abgeschnittenen Pflanzen wurden in möglichst natürlicher Stellung durch einen Drahtring festgehalten und standen während der ganzen Dauer des Versuches auf der Waagschale, damit sie nicht bei jeder

Wägung mit den Händen berührt zu werden brauchten. Diese Messungen wurden mit einer chemisch-technischen Waage ausgeführt, die auf 5 mg genau wiegt. Die in den Zwischenräumen von 5 Minuten abgegebenen Wassermengen ließen den Transpirationsverlauf gut erkennen:

Tabelle 3.
Der Transpirationsverlauf nach dem Abschneiden bei 60 Tage alten Pflanzen, gewogen in Zeitabständen von 5:5 Minuten im Laboratorium.

		1. Pflanze g	2. Pflanze g	3. Pflanze g	4. Pflanze g	5. Pflanze g	6. Pflanze g	7. Pflanze g	8. Pflanze g	9. Pflanze g	10. Pflanze g
Wasserabgabe während der	1.	0,095	0,175	0,150	0,320	0,210	0,095	0,180	0,110	0,075	0,045
	2.	0,125	0,195	0,200	0,300	0,220	0,135	0,195	0,120	0,070	0,055
	3.	0,140	0,230	0,160	0,330	0,220	0,220	0,170	0,120	0,095	0,065
	4.	0,130	0,210	0,190	0,350	0,240	0,210	0,165	0,125	0,095	0,065
	5.	0,120	0,200	0,145	0,290	0,210	0,165	0,160	0,120	0,075	0,060
	6.	0,110	0,180	0,150	0,260	0,200	0,150	0,140	0,115	0,075	0,060
	7. (5 Minuten)	0,090	0,155	0,145	0,220	—	0,110	—	—	—	—
	8.	0,080	0,165	0,120	0,220	—	—	—	—	—	—
	9.	0,080	0,160	0,130	0,210	—	—	—	—	—	—
Frischgewichte		46,30	58,80	51,65	91,20	68,20	43,60	25,90	27,05	19,75	14,55

Versuchsort: Laboratorium; Datum: 28. VI. 1929, 10—16 Uhr. Beleuchtung: sechs 50-Watt-Lampen; Temperatur: 25—26°. Relative Luftfeuchtigkeit: 55%.
Der Boden war mit 60% seiner Wasserkapazität gesättigt. Die Pflanzen wurden in Töpfen herangezogen. Sorte: Substantia.

(Tab. 3). Regelmäßig wurde ein mehr oder weniger starkes *Ansteigen der Wasserabgabe nach dem Abschneiden* während der ersten 15 Minuten beobachtet. Diese auch bei später zu besprechenden Versuchen wiederkehrende Erscheinung erklärt die beobachtete größere Wasserabgabe der abgeschnittenen Pflanzen innerhalb der ersten halben Stunde gegenüber den bewurzelten Pflanzen. Ein ähnlicher Anstieg wurde auch von *Iwanoff*[17] bei abgeschnittenen Bäumchen beobachtet. Auf Einflüsse der Umwelt kann die Transpirationssteigerung nicht zurückgeführt werden, denn alle Versuche wurden bei der in einem geschlossenen Raum nur irgend möglichen Gleichheit der Belichtung, der Temperatur und der Luftfeuchtigkeit durchgeführt. Später zu besprechende Versuche lassen eine Möglichkeit des Vermeidens dieses Transpirationsanstieges erkennen. Zunächst sollen aber ähnliche im Freiland angestellte Untersuchungen nach der Anwelkmethode beschrieben werden.

b) 5-Minuten-Wägungen im Freiland nach der Anwelkmethode.

Die Pflanzen wurden bei den Versuchen im Freiland im Gegensatz zu den Laboratoriumsfeststellungen in Abständen von 6 Minuten in den später beschriebenen Transpirationsgestellen gewogen, da die vorbereitenden Arbeiten und das Abwiegen im Freien etwas mehr Zeit beanspruchten. Die 95 Tage alten Rübenpflanzen wurden unmittelbar unterhalb der Erdoberfläche abgeschnitten und mit dem über dem Erdboden wachsenden Teil des Rübenkörpers aufgestellt. Ein Versuch (Tab. 4) wurde bei *sonnigem Wetter* mit je 2 Pflanzen im Transpirationsgestell durchgeführt. Da mit vier verschiedenen Sorten gearbeitet wurde, ist sowohl die Wasserabgabe als auch das Blattgewicht der Pflanzen so unterschiedlich. Die Ergebnisse zeigen, daß in den meisten Fällen der Anstieg trotz dem starken Sonnenschein und der dadurch bedingten hohen Transpiration, die kaum noch eine Steigerung der Wasserabgabe durch das Abschneiden erwarten ließ, deutlich sichtbar eintrat. Merkwürdig ist, daß die Tendenz nicht überall gleich war. Zum Teil kann dies auf die im Freiland selbst trotz scheinbar gleichmäßiger Witterung wechselnden Umweltfaktoren zurückgeführt werden. Das Herausnehmen aus dem Boden, das Paraffinieren und Abwiegen nahm mindestens 4 Minuten Zeit in Anspruch. Der Anstieg würde deshalb vermutlich noch deutlicher sichtbar werden, wenn man sofort nach dem Abschneiden wiegen könnte. Ein anderer *bei trübem Wetter* angestellter Versuch (Tab. 4) zeigte das Ansteigen der Wasserabgabe bei allen 6 Wiederholungen. Aus den Zahlen läßt sich erkennen, daß man mit einer Anwelkdauer von 30 Minuten dem tatsächlichen Wasserverbrauch wachsender Rüben am nächsten kommt. Der stärkere Abfall im letzten Drittel der Welkezeit wird durch das Maximum der Transpiration nach etwa 15 Minuten ausgeglichen. Wie die Ergebnisse der beiden Versuche zeigen, trifft das jedoch nicht bei jeder Witterung zu. Es müßte also genau genommen je nach den herrschenden Umweltfaktoren eine andere Anwelkdauer gewählt werden. Es hat sich aber für Rüben, wie bereits früher für Getreide, herausgestellt, daß es praktischer und für die meisten Versuche ausreichend genau ist, wenn man immer mit der gleichen Anwelkdauer arbeitet. Man muß hierbei vor allem berücksichtigen, daß die wirkliche Transpiration im Bestand etwas geringer ist, als der erste Wert nach 6 Minuten Welkezeit angibt, da sich die transpirationssteigernde Wirkung des Abschneidens sicher schon in der notwendigen Vorbereitungszeit auswirkt. Eine Verkürzung der Anwelkzeit würde nicht nur technische Schwierigkeiten verursachen, sie würde sich auch darin auswirken, daß die Zahl der nebeneinander zu untersuchenden Sorten bei den Prüfungen herabgesetzt werden müßte. Endlich würden sich die Fehler stärker bemerkbar machen, die unabänderlich durch die Umwelteinflüsse bedingt sind. Bei einer Welkezeit von 30 Minuten gleichen sich derartige Versuchsfehler meist aus. Daß nicht ohne weiteres mit diesem Anwelkverfahren gefundene Ergebnisse als Wasserverbrauchsmengen eines gewissen Pflanzenbestandes gelten können, wird noch in einigen später beschriebenen Versuchen

Tabelle 4. *Der Transpirationsverlauf nach dem Abschneiden.*
Festgestellt an 95 Tage alten Rübenpflanzen mittels der Anwelkmethode in Zeitabständen von 6:6 Minuten im Freiland.
1. Versuch: Bei sonnigem Wetter, am 2. VIII. 1930 von 12—15 Uhr.

		Mettes Gelbe	Substantia	Ovana	Peragis Neuprüfung	Mettes Gelbe	Substantia	Ovana	Peragis Neuprüfung
		g	g	g	g	g	g	g	g
Wasserabgabe während der	1.	13,4	8,8	8,3	13,1	16,8	14,0	11,6	15,3
	2.	11,6	10,4	10,3	13,6	14,2	11,0	14,2	16,0
	3.	11,9	10,5	8,5	12,0	10,9	11,8	10,0	17,0
	4.	8,6	8,7	7,2	11,2	10,7	8,1	10,3	13,0
	5. 6 Minuten	7,2	8,0	6,6	9,8	9,3	8,9	10,3	10,0
	6.	6,7	6,8	6,2	8,0	7,3	7,8	8,0	8,0
	7.	5,8	5,8	5,2	7,6	5,4	5,9	6,7	8,0
	8.	5,6	6,2	4,3	6,4	5,2	5,3	6,4	7,0
	9.	5,2	4,5	4,7	6,7	4,4	4,8	4,2	6,8
Frischgewichte des Krautes		581,5	815,0	530,2	888,2	646,8	827,7	675,9	1006,3

Relative Lichtintensität: 65%; Temperatur: 28°; Windstärke: 3,6 m/sec. Relative Luftfeuchtigkeit: 50%; Bodenfeuchtigkeit: 13,9%. Je 2 Pflanzen einer Sorte in einem Transpirationsgestell. Versuchsort: Versuchswirtschaft Leipzig-Probstheida.

2. Versuch: Bei trübem Wetter, am 10. VII. 1930, von 11—13 Uhr.

		Mettes Gelbe	Substantia	Ovana	Mettes Gelbe	Substantia	Ovana
		g	g	g	g	g	g
Wasserabgabe während der	1.	4,1	4,6	3,2	3,8	4,0	2,9
	2.	4,2	5,2	4,0	4,2	4,9	3,8
	3. 6 Minuteen	5,0	3,7	2,5	4,1	3,9	3,4
	4.	3,2	2,8	2,0	3,1	3,0	2,7
	5.	2,2	3,0	2,3	2,3	3,1	2,0
	6.	2,4	2,9	1,7	2,1	2,8	2,1
	7.	2,2	1,8	1,8	2,4	2,2	1,7
	8.	2,5	2,1	0,9	2,2	2,0	1,5
Frischgewichte		483,5	513,2	336,1	421,5	496,3	328,1

Relative Lichtintensität: 30%; Temperatur: 21°. Relative Luftfeuchtigkeit: 65%; Windstärke: 3,6 m/sec. Bodenfeuchtigkeit: 8,1%. Je 4 Pflanzen einer Sorte im Transpirationsgestell. Versuchsort: Versuchswirtschaft Leipzig-Probstheida.

Anmerkungen zu den Umweltfaktoren: Die *Lichtintensität* wurde mit dem Aktinographen von *Bachmann*[5] gemessen und in Prozenten des Maximums (größte Lichtintensität des Jahres) ausgedrückt. Die angegebene Zahl stellt das Mittel der während der Versuchszeit in Zeitabständen von 5 Minuten abgelesenen Werte dar. Die angegebene *Temperatur* ist das Mittel halbstündlicher Ablesungen eines im Schatten aufgehängten Thermometers. Als *Windstärke* wurde die Durchschnittszahl der während des Versuches gemessenen Werte in Metern pro Sekunde angegeben. Die *Luftfeuchtigkeit* wurde stündlich mit dem Psychrometer bestimmt. Die *Bodenfeuchtigkeit* ist in Gewichtsprozenten des lufttrockenen Bodens angeführt. Die Wasserkapazität des Bodens betrug 32—34%.

erörtert werden. Als relative Werte sind die mittels der Anwelkmethode festzustellenden ohne Zweifel gut zu gebrauchen.

c) *Der Anstieg der Transpiration nach dem Abschneiden.*

Der bei den beschriebenen Versuchen beobachtete *Anstieg der Wasserabgabe nach dem Abschneiden* wurde, wie erwähnt, auch von anderen Autoren beobachtet (*Darwin, Knight* u. a. in *Burgerstein*[9], *Iwanoff*[17]). *Arland*[2] und *Stocker*[29] konnten bei ihren Versuchen keinen Anstieg beobachten. Diese abweichenden Ergebnisse haben wohl in den verschiedenen Pflanzenarten, die als Versuchsmaterial dienten, ihre Ursache. Bei Rüben konnte mittels Infiltration *ein deutliches Öffnen der Stomata* nach dem Abschneiden beobachtet werden. Während an der wachsenden Pflanze im Laboratorium bei Lampenlicht die Infiltration nur langsam, nach etwa 4 Sekunden, sichtbar begann, konnte ungefähr 10 Minuten nach dem Abtrennen ein fast augenblickliches Eindringen festgestellt werden. Von den ausprobierten Flüssigkeiten haben sich für die im Laboratorium vorhandenen Spaltöffnungsweiten bei Rüben Petroleum und Benzol am besten bewährt. Paraffinöl war zu dickflüssig und drang, ebenso wie Alkohol, nicht ein. Xylol und Äther, die als Indicatoren für geringe Spaltweiten geeignet sind, drangen immer ein. Sie fanden meinerseits aber keine Verwendung, da Petroleum und Benzol die Unterschiede am besten erkennen ließen. Die Infiltrationsflüssigkeit wurde aus einer Tropfflasche auf mehrere Stellen der Blattunterseite gebracht. Die mikroskopischen Präparate der Epidermis von Unter- und Oberseite des Rübenblattes zeigten, daß sich auf der Unterseite die größere Zahl der Spaltöffnungen befindet. Diese Seite ist auch besser für Infiltrationen geeignet, weil die dunklere Farbe der Oberseite das Eindringen der Flüssigkeit im auffallenden Licht nicht so deutlich erkennen läßt. Die Verteilung der Stomata auf der Blattspreite ist derart, daß die Blattränder und die Spitze eine Häufung zeigen. Die Infiltrationsmethode wurde deshalb angewendet, weil mit ihrer Hilfe in kurzer Zeit leicht bei einer größeren Pflanzenzahl die Spaltenbewegungen ausreichend genau beobachtet werden konnten. Genauere Methoden, besonders das bei *Paetz*[23] angegebene Opakilluminator-Untersuchungsverfahren, würden die Verhältnisse wahrscheinlich noch besser erkennen lassen. Die Infiltration zeigte aber die jeweilige Spaltweite bei Rüben deutlich genug, so daß auf die in ihrer Anwendung nicht so einfachen anderen Methoden verzichtet werden konnte.

Bei *Burgerstein*[9] findet man die Hypothese, daß der Turgor der die Schließzellen umgebenden Zellen nach dem Abschneiden rascher nachläßt als der Turgor der Schließzellen selbst. Dadurch soll ein vorübergehendes Öffnen der Spalten hervorgerufen werden. Durch das

Nachlassen des Turgors der Epidermiszellen wird mehr Raum, die Schließzellen können sich ausdehnen und öffnen dadurch die Stomata. Auch bei *Benecke* und *Jost*[7] steht der Satz: „.... daß die Öffnungsweite der Spalten nicht allein von dem osmotischen Wert der Schließzellen, sondern auch von dem Gegendruck der Nachbarzellen abhängt." *Iwanoff*[17], der auch einen Anstieg der Transpiration bei abgeschnittenen Bäumchen fand, führt an, daß möglicherweise beim Abschneiden durch Beseitigung der Zugspannungen, die nach der Kohäsionstheorie im Füllwasser der Leitbahnen in der Pflanze entstehen, den Zellen der Umgebung Wasser zur Verfügung steht, so daß eine vorübergehende Steigerung der Wasserabgabe die Folge sein kann. Das Öffnen der Schließzellen und damit die Erhöhung der Transpiration müßte man verhindern können, wenn man die Stomata schon vor dem Abschneiden zur maximalen Öffnungsweite bringen könnte. Die Umwelteinflüsse bleiben im Laboratorium konstant, können also keine verändernde Wirkung auf die Schließzellen ausüben. Der Turgor der Zellen und damit die Spaltenweite läßt sich durch den Wassergehalt des Bodens beeinflussen. Bei vollgesättigter Wasserkapazität wird die Turgeszenz der Zellen ihr Maximum erreicht haben. Die Stomata haben dabei die unter den gegebenen Umweltfaktoren mögliche größte Öffnungsweite, die dann durch das Abschneiden kaum noch gesteigert werden kann. Tatsächlich zeigt der Versuch, daß durch diesen Kunstgriff *ein relativ gleichmäßiger Verlauf der Wasserabgabe* abgetrennter Pflanzenteile oder ganzer Pflanzen erreicht werden kann. Von 10 ungefähr gleich entwickelten Rübenpflanzen, die in Töpfen bis zur Größe von 20 bis 25 cm unter gleichen Bedingungen heranwuchsen, haben 5 Töpfe eine halbe Stunde vor Beginn des Versuches soviel Wasser erhalten, wie der Boden aufnehmen konnte. Die restlichen 5 blieben bei normaler Sättigung der Wasserkapazität von ungefähr 65% stehen. Dann wurden die Töpfe in der beschriebenen Weise äußerlich mit Paraffin abgedichtet. Die Ergebnisse der in Abständen von 5 Minuten unter gleichen äußeren Bedingungen vorgenommenen Wägungen, im Gefäß wachsend und abgeschnitten, sind in Tab. 5 zusammengestellt. Sie bestätigen die Annahme, *daß bei vollgesättigter Wasserkapazität kein nennenswerter Anstieg nach dem Abschneiden* eintritt. Auch die in Nährlösungen herangezogenen Pflanzen zeigten abgeschnitten keinen deutlichen Transpirationsanstieg. Die Schwankungen im abgetrennten Zustand bewegten sich in den gleichen Grenzen wie bei den im Gefäß wurzelnden Pflanzen. Bei den Rüben, die bei normaler Bodenfeuchtigkeit wuchsen, war die Wasserabgabe 10 und 15 Minuten nach dem Abschneiden immer höher als vorher. Dieser Versuch erklärt vielleicht zum Teil die verschiedenen Ergebnisse in bezug auf den Transpirationsverlauf nach dem Abschneiden (*Arland*[2], *Iwanoff*[17], *Stocker*[29] und *Reiss*[25]).

Tabelle 5. *Der Transpirationsanstieg nach dem Abschneiden bei verschiedenem Wassergehalt des Bodens.*
Gewogen in Zeitabständen von 5:5 Minuten in mgr.

		W.-K. mit 100 Proz. gesättigt					W.-K. mit 60 Proz. gesättigt					In Nährlösung gezogen (Wasserkultur)			
		Pflanze Nr.:					Pflanze Nr.:					Pflanze Nr.:			
		1	2	3	4	5	6	7	8	9	10	11	12	13	14
		Wachsend:													
während der 5 Minuten	1.	100	70	100	90	240	120	80	100	150	80	50	50	60	90
	2.	100	60	100	100	240	110	80	90	170	80	40	60	80	80
	3.	100	70	80	100	250	110	90	100	160	70	50	50	70	70
	4.	100	70	80	100	250	120	70	100	160	80	60	60	70	80
	5.	—	70	100	100	—	—	—	—	—	—	—	—	—	—
		Abgeschnitten:													
während der 5 Minuten	1.	110	60	80	100	250	120	80	90	160	70	40	50	70	70
	2.	100	60	90	90	260	150	100	110	180	100	40	50	70	70
	3.	100	60	80	110	240	140	110	120	190	100	50	60	70	90
	4.	100	60	90	120	250	110	80	100	170	90	50	60	80	90
	5.	100	50	100	110	250	110	90	100	170	80	70	60	70	80
	6.	100	60	90	110	240	100	70	90	160	90	70	60	70	90
	7.	90	50	70	100	210	100	70	90	140	90	40	50	60	80
	8.	80	50	70	100	240	110	60	100	130	70	40	40	60	80
	9.	80	60	100	100	210	90	70	80	150	60	40	40	50	70
Frischgewichte in g		40.05	25,35	29,20	32,30	50,80	41,05	32,55	35,70	49,65	30,95	20,05	22,22	21,39	23,22

Versuchsort: Laboratorium. Beleuchtung: Vier 100-Wattlampen; Temperatur: 25 bis 26°. Relative Luftfeuchtigkeit: 56%. Alter der Pflanzen: 60 Tage. In Töpfen herangezogen. Wasserkapazität des Bodens: 40%. Sorte: Substantia.

Es ist allerdings möglich, daß der Anstieg besonders bei krautigen Pflanzen eintritt. *F. Weber*[31] hat bei ihren Untersuchungen mit krautigen Gewächsen festgestellt, „... daß für das extrem weite Öffnen der Stomata welkender Blätter in erster Linie der Turgeszenzverlust der Epidermiszellen verantwortlich ist".

Bei dem nächsten Versuch wurde *mit gestaffelter Sättigung der Wasserkapazität des Bodens* gearbeitet. Die Pflanzen blieben dabei während ihrer ganzen Wachstumszeit bei einem bestimmten Feuchtigkeitsgehalt. Es wurden je 5 Pflanzen in Mitscherlich-Gefäßen bei einer Sättigung der Wasserkapazität mit 100, 80, 60, 40 und 20% herangezogen. Bei diesem Versuch zeigte sich, daß für Rüben das Optimum der Wasserversorgung bei 60% liegt, obwohl nach *Mitscherlich* bei voller Sättigung die höchsten Erträge zu erwarten sind. Die Pflanzen, die bei vollem Wassergehalt des Bodens herangezogen wurden, zeigten trotz Lockerung des Bodens eine hellere Blattfärbung und geringere Entwicklung. Bei 20% Sättigung blieben die Rüben im Wachstum

Additional material from *Transpirationsversuche mit Beta-Rüben im Laboratorium und Freiland,*

ISBN 978-3-662-40539-0, is available at http://extras.springer.com

Tabelle 8. *Die Transpiration einzelner Blätter und ganzer Pflanzen im Vergleich (in Prozenten des Frischgewichtes).*

Serie Nr.	1	2	3	4	5	6	7	8
Transpiration einzelner Blätter in %	8,9	7,8	7,0	8,9	8,4	7,0	6,9	6,0
Transpiration ganzer Pflanzen in %	6,5	6,1	4,2	5,1	6,4	5,0	6,0	5,6

Versuchsort: Versuchswirtschaft Leipzig-Probstheida. Datum: 28. VIII. 1929, von 11 bis 13 Uhr. Relative Lichtintensität: 8%. Temperatur: 34°. Relative Luftfeuchtigkeit: 47%, Bodenfeuchtigkeit: 3,8%.

Der stärkere Wasserverbrauch der einzelnen Blätter liegt sicher darin begründet, daß durch gegenseitiges Beschatten der Blätter an der Pflanze und durch Bilden einer an Wasserdampf reicheren Luftkuppe über der Rübe die Transpiration herabgesetzt wird, während bei den einzeln aufgestellten Blättern Licht und Luftbewegung die Wasserabgabe ungehindert fördern können.

Im Laboratorium, bei konstantem Licht und praktisch unbewegter Luft, zeigt der Versuch (Tab. 9) ebenfalls, daß die einzeln aufgestellten Blätter einer Pflanze zusammen stärker transpirieren als die gleiche noch im Gefäß wurzelnde Rübe. Die Wasserkapazität von etwa 40% war voll gesättigt, es kann also die Zunahme nicht auf der transpirationsfördernden Wirkung des Abschneidens beruhen.

Tabelle 9. *Summe der Wasserabgaben der einzelnen Blätter einer Pflanze im Vergleich zur Transpiration der wachsenden Pflanze.*

Wasserabgabe in 30 Min. in Gramm der Pflanze Nr.	1	2	3	4	5
Im Gefäß wachsend	0,72	0,71	0,96	0,48	0,60
Die einzeln abgeschnittenen Blätter zus.	0,91	0,92	0,99	0,54	0,65
Gewichte der Blätter in g	60,78	59,41	47,22	31,61	27,08

Im Laboratorium am 9. VI. 1930. Beleuchtung: Acht 100-Wattlampen. Relative Luftfeuchtigkeit: 55%. Temperatur: 25,5 bis 27°.

Die gegenseitige Beschattung der Blätter kann im Laboratorium nur eine ganz geringe Rolle spielen, denn später zu besprechende Versuche zeigen, daß Belichtungswechsel in den Grenzen von 200—800 Watt in einem Zeitraum von 30 Minuten nicht zu einer Transpirationsveränderung führt. Die Ursache der stärkeren Transpiration wird wahrscheinlich in den geringen Luftbewegungen zu suchen sein, die auch in einem geschlossenen Raum vorhanden sind und eine Erhöhung der Wasserabgabe bei den einzeln aufgestellten Blättern leichter hervorrufen können als bei den ganzen Pflanzen. Welchen Einfluß die bewegte Luft auf die Stärke der Transpiration hat, wird in einem späteren Kapitel erläutert.

Auch bei Versuchen, bei denen man sich mit relativen Werten begnügen könnte, kann man nicht mit einzelnen Blättern arbeiten, da es keine „typischen Blätter" gibt (vgl. auch *Maue*[18]). Bei Getreide zeigten die einzelnen Insertionsstufen der Pflanze eine verschieden starke Transpiration (*Arland*[1]). Auch bei Rüben ist dies der Fall (Tab. 10).

Die äußersten, also ältesten Blätter der Pflanze geben, bezogen auf ihr Gewicht, am meisten Wasser ab. Nach der Mitte zu verringert sich die Transpirationsintensität, um bei den jüngsten Blättern wieder anzusteigen. Dieses Verhalten zeigen Rüben in allen Wachstumsstadien im Gegensatz zu den Getreidearten, bei denen die Transpirationsverluste der Insertionsstufen in den verschiedenen Entwicklungsstadien voneinander abweichen (*Arland*[1]). Die Gewichtsdifferenzen bei einer Anwelkdauer von 30 Minuten und die Frischgewichte der Blätter sind in Tab. 10 zusammengestellt. Die Relativwerte, mit dem Frischgewicht als Bezugseinheit zeigen *die gleiche Tendenz*.

Tabelle 10. *Die Transpiration der einzelnen Blätter einer Pflanze in mg.*

Blatt Nr. (von außen nach innen fortschreitend)	1. Pflanze		2. Pflanze		3. Pflanze		4. Pflanze	
	Gewicht des Blattes g	Transpiration mg	Gewicht des Blattes g	Transpiration mg	Gewicht des Blattes g	Transpiration mg	Gewicht des Blattes g	Transpiration mg
1, 2, 3* (zusammen)	13,37	750	13,37	370	8,76	200	8,62	200
4	9,54	150	6,68	90	4,32	50	3,62	70
5	8,25	160	8,27	120	4,59	70	3,65	40
6	9,25	140	9,97	80	5,74	60	3,48	40
7	11,04	160	10,63	80	4,99	50	4,45	50
8	6,35	140	5,83	70	5,25	50	3,29	50
9	8,62	130	5,66	100	5,81	40	4,53	90
10	8,57	180	—	—	5,07	40	—	—
11	—	—	—	—	6,04	90	—	—
12	—	—	—	—	4,62	100	—	—

Wenn abgeschnittene einzelne Blätter oder ganze Pflanzen in Wasser gestellt werden, steigt die Transpiration beträchtlich. Ein kleiner Versuch zeigt dies deutlich. Daneben wurde gleichzeitig der Unterschied in der Wasserabgabe bei abgedichteter und bei nicht verschlossener Schnittstelle geprüft. Von gleich großen Pflanzen wurden bei einigen die Wundstellen der abgeschnittenen Blätter in der üblichen Weise mit Paraffin abgedichtet. Die Blätter der zweiten Serie wurden ohne Abdichtung aufgestellt, während die der dritten in Wasser standen, dessen Oberfläche durch eine Paraffinölschicht am Verdunsten gehin-

---
* Die ersten 3 Blätter wurden zusammengefaßt, da sie gelbe Flecke und leichte Beschädigungen aufwiesen.

dert wurde. Die Ergebnisse zeigen (Tab. 11), daß sowohl im Laboratorium als noch deutlicher im Freien ein gesteigerter Wasserverlust bei den Blättern ohne Abdichtung und eine bedeutend stärkere Transpiration der im Wasser stehenden Blätter zu beobachten war.

Tabelle 11. *Transpiration in Prozenten des Gewichtes bei verschiedenen Abdichtungen der Wundstelle.*

	Im Freien %	Im Laboratorium %
1. Serie: Mit Paraffin abgedichtet (je 2 Pflanzen)	6,7	2,32
2. Serie: Ohne Abdichtung (je 2 Pflanzen) . . .	7,9	2,42
3. Serie: Blätter in Wasser gestellt (je 2 Pflanzen)	11,2	2,73

4. Die Transpiration des Rübenkörpers.

Ein weiterer Grund dafür, daß bei Sortenprüfungen ganze Pflanzen benutzt werden müssen, ist die Tatsache, daß auch der über dem Erdboden befindliche Teil des Rübenkörpers Wasser abgibt. Da dieser nicht bei allen Sorten gleich groß ausgebildet ist, können durch verschieden starke Wasserabgaben des Rübenkörpers in der Reihenfolge der Sorten nach ihrem Wasserverbrauch Verschiebungen eintreten. Im Freiland angestellte Versuche, bei denen von 8 Pflanzen die Transpiration der Blätter und des Körpers getrennt festgestellt wurde, ergaben die in Tab. 12 angeführten Werte. In beiden Fällen wurde als Bezugseinheit das Frischgewicht der Blätter gewählt.

Tabelle 12. *Die Wasserabgabe des Rübenkörpers.*

Nummer des Transpirationsgestelles (mit je 2 Pflanzen)	1	2	3	4
Transpiration der Blätter:				
Frischgewichte in g	1236,0	1075,7	1061,7	1074,4
In 30 Minuten abgegebenes Wasser in g .	64,0	57,7	48,7	49,4
In Prozenten des Gewichtes	5,17	5,36	4,58	4,59
Transpiration des Rübenkörpers ohne Blätter:				
In 30 Minuten abgegebenes Wasser in g .	2,6	3,6	1,9	3,0
In Prozenten des *Blatt*gewichtes (wie oben)	0,21	0,34	0,18	0,28

Versuchsort: Freiland (Probstheida), Datum: 30. VIII. 1930. Relative Lichtintensität: 45%, Temperatur: 27°. Relative Luftfeuchtigkeit: 50%. Windstärke: 3,5 m/sec. Bodenfeuchtigkeit: 11,6%, je 2 Pflanzen „Kirsches Ideal" in einem Transpirationsgestell.

Bei jungen Pflanzen ist der Rübenkörper nur wenig entwickelt. Ebenso spielt bei Zuckerrüben die Transpiration des Rübenkörpers eine untergeordnete Rolle, weil er in der Erde steckt. Trotzdem ist es zu empfehlen, alle über der Erdoberfläche wachsenden Teile für die Versuche zu verwenden, schon um den Zusammenhang der Blätter zu wahren und eine gute Aufstellfläche zu haben. Besonders für Freilandversuche bildet der glatt abgeschnittene Rübenkörper eine gewisse Gewähr für eine natürliche Stellung der Pflanze beim Anwelken.

5. Bezugsquellen.

Bei Versuchen im Laboratorium kann dann mit den absoluten Zahlen gerechnet und auf jede Bezugseinheit verzichtet werden, wenn lediglich ein Umweltfaktor variiert und dessen Einfluß auf die Transpiration festgestellt werden soll, während die anderen konstant bleiben. Wird dagegen, wie bei den Sortenprüfungen, mit zahlreichen Wiederholungen unter den verschiedensten Umwelteinflüssen gearbeitet, dann muß auf eine Bezugseinheit zurückgegriffen werden. Als einfachste und beste Vergleichsbasis benutzte man bisher das Frischgewicht. Die verdunstete Wassermenge wurde dabei auf die Gewichtseinheit der grünen Masse bezogen. Bei den Sortenprüfungen mit Getreide, bei denen relativ geringe Unterschiede in den Gewichtsmengen der transpirierenden Pflanzenteile auftreten, hat sich diese Bezugseinheit gut bewährt. Bei den Versuchen mit Rüben habe ich dagegen die Erfahrung gemacht, daß mit dieser Bezugseinheit häufig gerade das gegenteilige Bild vom Wasserverbrauch der zu vergleichenden Sorten oder auch einzelner Pflanzen entsteht.

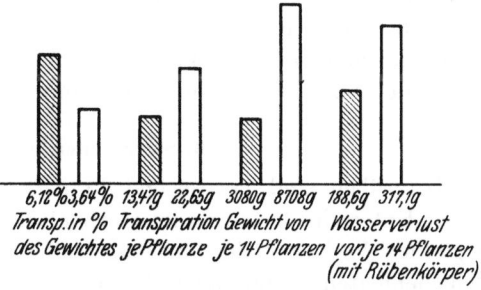

Abb. 1. Das Frischgewicht als Bezugseinheit bei Sorten mit verschieden starker Blattentwicklung. Versuchsort: Freiland (Probstheida), Datum: 17. IX. 1930, 12—14 Uhr, relat. Lichtintensität: 20%, Temperatur: 12°, relat. Luftfeuchtigkeit: 70%. Windstärke: 3,5 m/sec. Bodenfeuchtigkeit: 7,6%.

☐ = Sorte mit starker Blattbildung (Kirsches Ideal);
▨ = Sorte mit gering. Blattbildung (Suttons Superlative).

Ein einfacher Versuch zeigt dies deutlich. Eine Sorte mit geringer Blattentwicklung, wie die englische „Suttons Superlative", wird eine verhältnismäßig starke relative Transpiration haben, während eine blattreiche, im Versuch „Kirsches Ideal", bezogen auf die Gewichtseinheit der grünen Masse wenig Wasser abgibt (Abb. 1).

Der Versuch zeigt, *daß eine Sorte bezogen auf das Blattgewicht wenig, absolut dagegen sehr viel Wasser abgeben kann.* Das Frischgewicht als Bezugseinheit läßt zwar eine der betreffenden Sorte spezifische Eigenschaft erkennen, nämlich das Verhältnis zwischen Wasserabgabe und Blattgewichtseinheit, die wirklich verbrauchte Wassermenge läßt sich mit dieser Bezugseinheit aber nur dann beurteilen, wenn das Blattgewicht der zu prüfenden Sorten nur innerhalb geringer Grenzen schwankt. Bei Getreide und auch bei den von mir geprüften Zuckerrübensorten (vgl. Rangordnung Tabelle 18) sind die Unterschiede im Blattgewicht nur gering, sodaß das Frischgewicht eine geeignete Bezugseinheit bilden kann. Bei den Prüfungen zahlreicher Futterrübensorten hat sich gezeigt, daß die relativen Werte im Gegensatz zu den praktischen Erfahrungen der Landwirte stehen, z. B. zeigt die Eckendorfer Rübe infolge der geringen Blattmasse eine hohe relative Transpiration, nimmt aber nach den D.L.G.-Versuchen[12] und den Erfahrungen der Praktiker auch mit Trockenheit fürlieb. Eine gute Übereinstimmung der gefundenen Werte mit den praktischen Erfahrungen wurde erhalten, wenn die *absoluten Zahlen* verwendet wurden. Bei den Sortenprüfungen ist deshalb die *Transpiration einer Pflanze*, Kraut und Rübenkörper zusammen, berechnet worden. Um einen guten Durchschnitt zu bekommen, ist es unerläßlich, eine große Pflanzenzahl zu untersuchen. Soll beispielsweise der Wasserverbrauch mehrerer Sorten verglichen werden, müssen nach meinen Erfahrungen, in Übereinstimmung mit den variationsstatistischen Messungen, ungefähr 200 Pflanzen von jeder Sorte auf ihren Wasserverbrauch geprüft werden.

6. Streubreitenversuche.

Betarüben sind vorwiegend Fremdbefruchter und zeigen deshalb große Unterschiede sowohl im morphologischen Bau als auch im physiologischen Verhalten der einzelnen Individuen einer Sorte. Diese Verschiedenheiten traten auch bei den Transpirationsversuchen zutage. Versuche zur Feststellung der Streubreite einer Sorte ließen erkennen, daß morphologisch bunte Rübensorten auch große Unterschiede im Wasserverbrauch der einzelnen Individuen aufweisen. Die betreffenden Versuche wurden bei vollkommen wolkenlosem Himmel mit abgeschnittenen Pflanzen ausgeführt. Der Aktinograph (*Bachmann*[5]) verzeichnete während der ganzen Versuchsdauer keine Schwankungen. Tab. 13 zeigt die Streubreite von 4 Sorten bei 7 Versuchen mit je 2 Pflanzen. Die in einer halben Stunde abgegebene Wassermenge ist auf das Frischgewicht bezogen, da es in diesem Falle nicht auf die wirklichen, sondern nur auf die relativen Werte ankam. Auf eine Berechnung des m-Prozent wurde verzichtet, da die dafür nötige Einheitlichkeit in bezug auf Material und Umwelteinflüsse bei Transpirationsversuchen im Freiland nicht gegeben erscheint. Es besteht schon eine gute Vergleichsbasis in der Differenz zwischen dem höchsten und dem niedrigsten Wert.

Die morphologisch unausgeglichenste der von mir geprüften Sorten, die Friedrichswerther Zuckerwalze, zeigt, wie zu erwarten war, die größte Streubreite. Die verhältnismäßig großen Schwankungen werden zum Teil durch das wechselnde Pflanzengewicht verursacht. Die Ein-

Tabelle 13. *Streubreitenversuche mit verschiedenen Sorten.*
Transpiration in Prozenten des Frischgewichtes (Anwelkdauer 30 Minuten).

Versuch Nr.	Kleinwanzlebener Zuckerrübe Z. %	Friedrichswerther Zuckerwalze %	Veni, vidi, vici %	Substantia %
1	5,9	7,4	6,6	6,7
2	5,8	8,1	7,3	5,9
3	5,3	8,3	7,2	7,4
4	5,3	9,6	6,3	5,6
5	6,2	8,2	8,1	6,8
6	6,4	7,1	7,3	6,8
7	6,4	7,1	6,9	5,5

Versuchsort: Freiland (Probstheida); Datum: 30. VIII. 1930, von 10 bis 15 Uhr; relative Lichtintensität: 45%; Temperatur: 25°; relative Luftfeuchtigkeit: 55%; Windstärke: 3,5 m/sec; Bodenfeuchtigkeit: 11,6%; je 2 Pflanzen im Transpirationsgestell.

wirkung des Gewichtes wird besonders bei einem Versuch deutlich, bei dem mit ausgesucht verschieden großen Pflanzen gearbeitet wurde (Tab. 14). Die Transpiration ist in Prozenten des Frischgewichtes ausgedrückt.

Tabelle 14. *Einfluß des Blattgewichtes auf die Streubreite.*

Transpirationsgestell (mit je 2 Pflanzen) Nr.	1	2	3	4	5	6	7
Frischgewichte der Blätter in g	258,1	349,2	419,3	446,5	471,9	490,9	645,0
Transpiration in Prozenten des Frischgewichtes	8,1	7,0	6,3	6,1	5,9	5,8	5,2

(Umweltbedingungen wie Tab. 13.)

Niedriges Gewicht der Blätter geht mit hoher relativer Transpiration parallel und umgekehrt. Es müssen daher möglichst gleich große Pflanzen für die Transpirationsversuche verwendet werden. Natürlich darf dies besonders bei Sortenprüfungen nicht zu einer Typenauslese führen. Die Streubreite einer Sorte wird durch wechselnde Witterung vergrößert. Aus den später besprochenen Sortenprüfungen geht hervor, daß trotz dieser verhältnismäßig großen Schwankungen im Freiland Unterschiede sowohl im absoluten als auch im relativen Wasserverbrauch der Sorten sehr gut zu erkennen sind.

II. Transpirationsversuche mit 21 Futter- und Zuckerrübensorten.

Der praktische Wert der schon mehrfach genannten Anwelkmethode ist darin begründet, daß man mit ihrer Hilfe den Wasserverbrauch unserer landwirtschaftlichen Kulturpflanzen am Standort prüfen kann. Die gefundenen Werte gestatten, die Sorten herauszufinden, die sich durch einen niedrigen Wasserverbrauch auszeichnen und für trockne

Lagen am anbauwürdigsten sind. In den folgenden Abschnitten sind die in den Jahren 1929 und 1930 durchgeführten Sortenprüfungen mit Futter- und Zuckerrüben beschrieben.

1. Das Pflanzenmaterial.

Auf ihren Wasserverbrauch wurden im Jahre 1929 11 Futterrüben-, 1930 14 Futter- und 7 Zuckerrübensorten geprüft. Die Rüben wurden auf einer möglichst ausgeglichenen Parzelle der Versuchswirtschaft des Institutes für Pflanzenbau und Pflanzenzüchtung Leipzig-Probstheida derart angebaut, daß auf jede Reihe im Abstand von 40 cm eine andere Sorte zu stehen kam. Auf diese Weise wurden Bodenunterschiede, die sich auf die Transpiration auswirken könnten, soweit als möglich vermieden. Der Abstand in der Reihe betrug gleichmäßig 33 cm. Das mit der Hand gelegte Saatgut stammte direkt vom Züchter.

Mit den Transpirationsversuchen im Freiland konnte erst begonnen werden, als die Rüben etwa *eine Höhe von 20 cm* erreicht hatten, also etwa Mitte Juni. Pflanzen in früheren Wachstumsstadien welkten bei starkem Sonnenschein so sehr, daß sie vollkommen in sich zusammenfielen. Diesem Mangel durch eine Verkürzung der Anwelkdauer abzuhelfen nützte nichts, denn dann ließen sich Sortenunterschiede nicht deutlich und sicher genug erkennen. Der andere Ausweg, Pflanzen in Kästen heranzuziehen und *im Laboratorium nach der Anwelkmethode auf ihren Wasserverbrauch zu prüfen*, hat zu keinen brauchbaren Ergebnissen geführt. Selbst bei starker Beleuchtung und hoher Temperatur konnte bei Rüben nur eine geringe Transpiration erzielt werden. Während am gleichen Tag im Freien ein Wasserverbrauch von 8 bis 9% des Frischgewichtes erreicht wurde, erhielt man im Laboratorium nur einen Verlust von 1,5 bis 2,5%. Bei Versuchen mit Getreidepflanzen hat sich kein so großer Unterschied in der Wasserabgabe ergeben (*Reiß*[25]). Versuchsfehler wirken sich naturgemäß bei kleinen Pflanzen und niedriger Transpiration stärker aus. Individuelle Unterschiede verwischen Sortenunterschiede vollkommen. Aus diesen Gründen konnten bei den zahlreichen Versuchen, die zum Zwecke des Erkennens von Sortenunterschieden im Wasserverbrauch mit jungen Pflanzen von 5 bis 15 cm Größe angestellt wurden, keine übereinstimmenden Werte gewonnen werden. Es wird deshalb auf die Veröffentlichung dieser Zahlen verzichtet.

Das für die Freilandversuche verwendete Pflanzenmaterial muß möglichst von ausgeglichener Beschaffenheit und frei von aller Art von Beschädigungen sein. *Lückennachbarn und Randpflanzen sind auszuschalten.* Ein Versuch mit Randpflanzen zeigt, daß sie bei Sortenprüfungen irreführend wirken (Abb. 2). Die Randpflanzen haben infolge des größeren Standraumes ein größeres Gewicht und dadurch eine absolut stärkere Transpiration, relativ dagegen eine niedrigere.

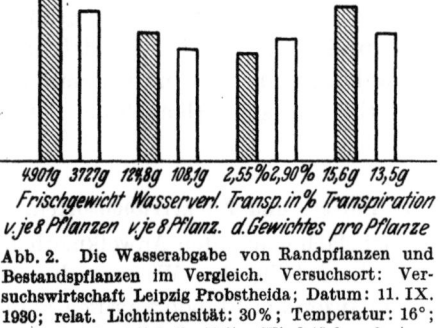

Abb. 2. Die Wasserabgabe von Randpflanzen und Bestandspflanzen im Vergleich. Versuchsort: Versuchswirtschaft Leipzig Probstheida; Datum: 11. IX. 1930; relat. Lichtintensität: 30%; Temperatur: 16°; relat. Luftfeuchtigkeit: 77%; Windstärke: 8m/sec; Bodenfeuchtigkeit: 9%; Versuchsdauer: 13—14 Uhr.

☐ = Bestandspflanzen; ▨ = Randpflanzen.

Das günstigste Alter der Rüben für Transpirationsversuche ist dann erreicht, wenn die Blätter beginnen, den Reihenabstand von 40 cm zu decken. Zeitlich ist dies etwa Mitte Juli der Fall. Die Witterung dieses Monats ist für das Wachstum der Rüben ausschlaggebend, weil im Juli und August die größte Stoffablagerung stattfindet. Da ferner meist zu dieser Zeit genügend wolkenlose Tage für einwandfreie Anwelkversuche zur Verfügung stehen, werden Sortenprüfungen am besten von diesem Zeitpunkt an vorgenommen. Wie die Ergebnisse der Sortenversuche zeigen werden, tritt *keine Verschiebung in der Reihenfolge der Sorten in der Höhe der Wasserabgabe während der verschiedenen Wachstumsperioden ein*. Deswegen kann, im Gegensatz zum Getreide, von den Ergebnissen einer begrenzten Zeitspanne auf die gesamte Entwicklungsdauer geschlossen werden.

2. Die Technik des Verfahrens.

Als Untersuchungsmethode diente das *Arland*sche Anwelkverfahren (*Arland*[1—4], *Zade*[32, 33], *Reiß*[25]). Da bisher in der Hauptsache mit Getreide gearbeitet wurde, mußten für die morphologisch und physiologisch ganz anders gearteten Betarüben verschiedene technische Änderungen vorgenommen werden. Es sollen in den folgenden Abschnitten nur die von den Anwelkversuchen mit Getreide unterschiedlichen Maßnahmen näher erörtert werden.

a) Das Abschneiden und Paraffinieren.

Die im vorigen Kapitel beschriebenen Versuche, die die Transpiration einzelner Blätter und des Rübenkörpers zeigten, ließen erkennen, *daß alle aus der Erde herausragenden Teile der Pflanze in ihrem Zusammenhang* für Transpirationsversuche herangezogen werden müssen. Es ist aber nicht notwendig, wie auch *Reiß*[11] für Getreide festgestellt hat, daß der Wurzelballen daran haften muß. Es genügt, wenn die Rübenpflanze unterhalb der Erdoberfläche abgeschnitten wird, wie auch die Versuche mit wachsenden und abgeschnittenen Pflanzen beweisen (vgl. S. 72). Am besten kann man mit Hilfe eines Spatens, der in waagerechter Haltung etwas unterhalb der Bodenoberfläche durch den Wurzelteil des Rübenkörpers hindurchgeführt wird, die Pflanze aus der Erde herausholen. Die Schnittfläche wird nachher mit einem Messer glattgeschnitten und mit Paraffin abgedichtet. Dieses Verschließen der Wundstelle muß sehr sorgfältig erfolgen. Es muß eine ziemlich dicke Schicht durch mehrfaches Eintauchen in das flüssige, nicht zu heiße Paraffin aufgetragen werden, da besonders bei wasserreichen Futterrüben der Saftdruck so stark ist, daß er eine dünne Paraffinschicht durchbricht. Zuckerrüben sind technisch bedeutend leichter zu behandeln, da sie nicht so saftreich sind und ihre Blätter sich nicht rosettenförmig, wie bei vielen Futterrübensorten, auf dem Boden ausbreiten, sondern mehr bukettförmig aufrecht stehen. Beim Herausnehmen und beim Paraffinieren brechen infolge der herabhängenden Blattstellung mitunter Blätter ab. Solche Pflanzen müssen ausgeschaltet werden.

b) Die Transpirationsgestelle und das Arbeiten im Wägezelt.

Für die Transpirationsversuche mit Getreide haben sich zum Aufstellen der Pflanzen im Freien während der Anwelkdauer Drahtspiralen gut bewährt. Beim Arbeiten mit Rüben zeigten sie aber so viel Nachteile, daß ein besonderes Gestell konstruiert werden mußte. Es kommt noch dazu, daß die Blätter beim Auflegen auf die sonst übliche Waagemulde leicht abbrechen. Auch ist zu befürchten, daß durch das häufige Anfassen beim Paraffinieren, beim Auflegen auf die Waagschale und schließlich beim Aufstellen im Freien die Transpiration beeinträchtigt wird. Die verschiedenen Wuchsformen der Rübe würden auch jeweilig abweichende Drahtspiralen erfordern. Alle diese Nachteile werden durch ein neues Transpirationsgestell vermieden. Es ist von der Firma A. Dresdner in Merseburg nach Angabe der Maße hergestellt und in seiner aus umstehender Abb. 3

ersichtlichen Form für 2 bis 6 Pflanzen je nach Alter geeignet. Die Maße sind folgende: Länge des oberen Querstabes 125 cm, Höhe bis zum Aufhängering 90 cm, Höhe des Korbes, in den die Pflanzen gestellt werden, 15 cm, Länge des Korbes 90 cm, Breite des Korbes oben 18, unten 12 cm. Der Korb kann durch 4 verschiebbare Stäbe in 6 Fächer geteilt werden. Je nach Größe und Form der Pflanze werden diese Stäbe verschoben und festgeschraubt. Der Boden besteht aus Aluminiumblech. Diese glatte Auflagefläche ist notwendig, da sich Unebenheiten leicht in das bei warmer Witterung nur langsam fest werdende Paraffin eindrücken und einen Saftdurchbruch verursachen würden. Von Vorteil würde es sein, wenn auch in älteren Wachstumstadien mehr Rübenpflanzen in die Gestelle gebracht werden könnten, da für die Versuche im Freiland die große Pflanzenzahl wegen

Abb. 3. Ein Transpirationsgestell im Wägezelt an der Waage hängend. Je 2—6 Pflanzen werden darin auf einmal untersucht.

der Streubreite besonders wichtig ist. Daß die von mir verwendeten Gestelle sich gut bewährt haben, zeigt ein vergleichender Versuch. Die Pflanzen der 1. Serie wurden auf der bisher üblichen Waagschale, die der 2. in den Gestellen gewogen und aufgestellt. Die Streubreite bei 11 Parallelversuchen weist eine deutliche Herabminderung des Versuchsfehlers durch den Gebrauch der Gestelle auf. Die mittels der Waagschale gemachten Parallelversuche zeigten Schwankungen in einem Spielraum von 1,93%, während die in die Gestelle gebrachten Pflanzen eine größte Differenz von 0,97% zwischen dem höchsten und dem niedrigsten Wert der auf das Frischgewicht bezogenen Transpiration aufwiesen. Die entsprechenden Transpirationswerte der 11 Parallelversuche waren für die auf der Waagschale abgewogenen Pflanzen folgende:
3,52%, 3,95%, 3,89%, 5,20%, 4,41%, 3,89%, 4,92%, 3,45%, 3,79%. 3,27%, 4,00%.

Für die in den Gestellen abgewogenen:
3,86%, 4,05%, 3,31%, 3,88%, 3,08%, 3,92%, 3,75%, 3,86%, 3,55%, 3,71%, 3,83%.

Die Pflanzen bleiben während der ganzen Welkezeit in den Gestellen und behielten somit ihre natürliche Wuchsform bei. Sie wurden zunächst gewogen, alsdann im Freien aufgestellt. Nach 30 Minuten wurde jedes Gestell wiederum gewogen. Die Differenz der beiden Wägungen stellt die transpirierte Wassermenge dar. Einzelheiten des Wägezeltes und das Aufstellen im Freien sind aus den beiden Abb. 3 und 4 ersichtlich. Die Waage, ebenfalls von der Firma A. Dresdner, hat eine Belastungsgrenze von 5 kg und wiegt auf 0,1 g genau. Dieser Genauigkeitsgrad ist bei der großen Blattmasse der Rüben für die Versuche im Freiland vollkommen ausreichend. Bei starker Transpiration ist es sogar unmöglich, auf 0,1 g genau zu wiegen. Genauere Transpirationswaagen, wie sie *Huber*[15] u. a. angeben, sind nur für kleinere Pflanzen und einzelne Blätter bei kürzerer Welkezeit nötig.

Abb. 4. Die Transpirationsgestelle stehen zum Anwelken der Rüben eine halbe Stunde in Freien.

c) *Das Aufstellen der Pflanzen.*

Um für alle Sorten gleiche Umweltbedingungen zu schaffen, werden Rüben wie Getreide (*Arland*[2]) zum Anwelken frei aufgestellt und nicht an ihren ursprünglichen Standort im Feldbestand zurückgebracht. Die Stärke der Transpiration ist allerdings im Freiland größer als im Bestand. Wie groß die Einflüsse der auf die frei stehenden Pflanzen ungehindert einwirkenden Umweltfaktoren sind, zeigt ein Versuch, der so durchgeführt wurde, daß eine Serie frei aufgestellt, während die andere gleichzeitig, also bei gleichen Witterungsverhältnissen, in den Bestand zurückgebracht wurde. Tab. 15 läßt deutlich erkennen, daß die frei aufgestellten Pflanzen, bezogen auf das Frischgewicht der Blätter, bedeutend mehr Wasser abgaben als die in den Bestand zurückgetragenen.

Beim Aufstellen der Pflanzen ist noch zu beachten, daß der Wind alle Gestelle gleichmäßig von der schmalen Seite trifft, und daß sich die Rüben nicht gegenseitig beschatten. Ein anderes Verfahren des Anwelkens im Freien hat sich nur für Zuckerrüben bewährt. Es beruht darauf, daß die abgeschnittenen Pflanzen

Tabelle 15. *Transpiration frei und im Bestand aufgestellter Pflanzen*
(in Prozenten des Frischgewichtes).

Transpirationsgestell	1	2	3	4	5	6	7	8
1. Serie im Bestand	6,8	8,3	7,9	8,2	5,8	6,9	8,0	6,9
2. Serie im Freien aufgestellt	7,2	10,2	8,9	9,5	6,7	9,6	8,7	8,3

Versuchsort: Leipzig-Probstheida; Datum: 22. VII. 1930, von 11 bis 12 Uhr. relative Lichtintensität: 55%; Temperatur: 19°; relative Luftfeuchtigkeit: 51%; Windstärke: 6,5 m/sec; Bodenfeuchtigkeit: 13,9%; je 2 Pflanzen „Kirsches Ideal" im Transpirationsgestell.

auf ein in bestimmten Abständen mit Nägeln versehenes Brett aufgespießt werden. Die Nachteile und Fehlerquellen beim Abwiegen, wie sie im vorigen Abschnitt beschrieben wurden, werden dabei nicht vermieden. Allerdings sind sie bei Zuckerrüben mit ihren aufrecht stehenden Blättern nicht so groß wie bei Futterrüben. Bei den wasserreicheren Runkelrüben tritt leicht an dem das Paraffin durchbohrenden Nagel Saft heraus. Deswegen sind beim Arbeiten mit Futterrüben unbedingt die beschriebenen Transpirationsgestelle vorzuziehen.

3. Ergebnisse.

Die mit der Anwelkmethode durchgeführten Versuche mit verschiedenen Rübensorten sollten erstens die Stärke der Wasserabgabe in den verschiedenen Wachstumsstadien zeigen und zweitens einen Vergleich der Höhe des Wasserverbrauchs der Sorten gestatten. Zunächst soll der Verlauf der Transpiration in den beiden Versuchsjahren 1929 und 1930 näher betrachtet werden.

a) Der Verlauf der Transpiration im Jahre 1929.

Das Jahr 1929 zeichnete sich durch eine ungewöhnliche Trockenheit in den Monaten Juli bis September aus. Infolge dieser Dürre blieben die Rüben im Wachstum zurück und brachten einen verminderten Ertrag. Nach einigen Versuchen, die der Ausarbeitung der Versuchstechnik dienten, wurde Anfang Juli mit den Sortenvergleichen nach der Anwelkmethode begonnen. In 2 Gruppen wurden 12 Futterrübensorten auf ihren Wasserverbrauch geprüft. „Kirsches Ideal" war in beiden vertreten und diente als Standardsorte, um die Ergebnisse der 2 Gruppen miteinander vergleichen zu können. Die Versuche mit Zuckerrüben mußten im Jahre 1929 leider aufgegeben werden, da die zu spät gesäten Rüben durch die Trockenheit und starken Schädlingsbefall so sehr gelitten hatten, daß keine brauchbaren Ergebnisse erzielt werden konnten.

Für das Aufstellen der Kurven des Transpirationsverlaufes während der ganzen Wachstumsperiode wurden die relativen Werte benutzt.

Die Wasserabgabe ist in Prozenten des Frischgewichtes angegeben. Die absoluten Zahlen, d. h. die durchschnittliche Transpiration einer Pflanze, würden für diesen Zweck von einer zu geringen Pflanzenzahl genommen werden müssen und zeigten häufige Überschneidungen der Kurven. Die Variationsbreite ist bei den absoluten Zahlen größer als bei den auf das Frischgewicht bezogenen Transpirationswerten. Die Abb. 5 und 6 lassen eine gute Übereinstimmung der Ergebnisse der verschiedenen Versuchstage in der Reihenfolge der Sorten erkennen. Es soll aber noch einmal betont werden, daß die Höhe der Prozente keinen Aufschluß über den Wasserverbrauch der Sorten gibt. Die Kurven zeigen, daß die Reihenfolge der Sorten im Laufe der Wachstumsperiode die gleiche bleibt. Die Sorte mit der höchsten Prozentzahl stand an allen Versuchstagen an der Spitze. Die Überschneidungen der Kurven an den ersten beiden Tagen können auf wechselnde Witterung und auf noch unvollkommene Versuchstechnik zurückgeführt werden. Es wurde an diesen Tagen noch ohne die beschriebenen Transpirationsgestelle gearbeitet. Die miteingezeichneten Umweltfaktoren lassen erkennen, daß die Stärke der Transpiration im wesentlichen von der Witterung abhängt und nicht, wie beim Getreide, von dem jeweiligen Entwicklungszustand beeinflußt wird. Von den Umweltfaktoren trat die Bodenfeuchtigkeit in ihrer Wirkung am deutlichsten hervor. Bei gleichem Feuchtigkeitsgehalt des Bodens (z. B. innerhalb eines Tages) hängt die Wasserabgabe hauptsächlich von der Stärke der Belichtung ab. Der wirkliche Wasserverbrauch der Sorten wird in einem besonderen Kapitel in Form einer Rangordnung beschrieben werden.

Tabelle 16.
Zahl der Wiederholungen je Versuchstag und Zahl der untersuchten Individuen.
Im Jahre 1929.

Datum des Versuchstages	Zahl der Versuchswiederholungen	Zahl der je Sorte und Tag untersuchten Pflanzen	Datum des Versuchstages	Zahl der Versuchswiederholungen	Zahl der je Sorte und Tag untersuchten Pflanzen
1. Gruppe: 6 Futterrübensorten.			*2. Gruppe:* 5 Futterrüben-, 1 Zuckerrübensorte.		
19. VII.	5	30	17. VII.	6	36
24. VII.	6	36	20. VII.	5	30
13. VIII.	6	18	3. VIII.	4	12
23. VIII.	4	8	14. VIII.	5	10
30. VIII.	5	10	26. VIII.	4	8
6. IX.	5	10	2. IX.	5	10
		112	9. IX.	4	8
					114

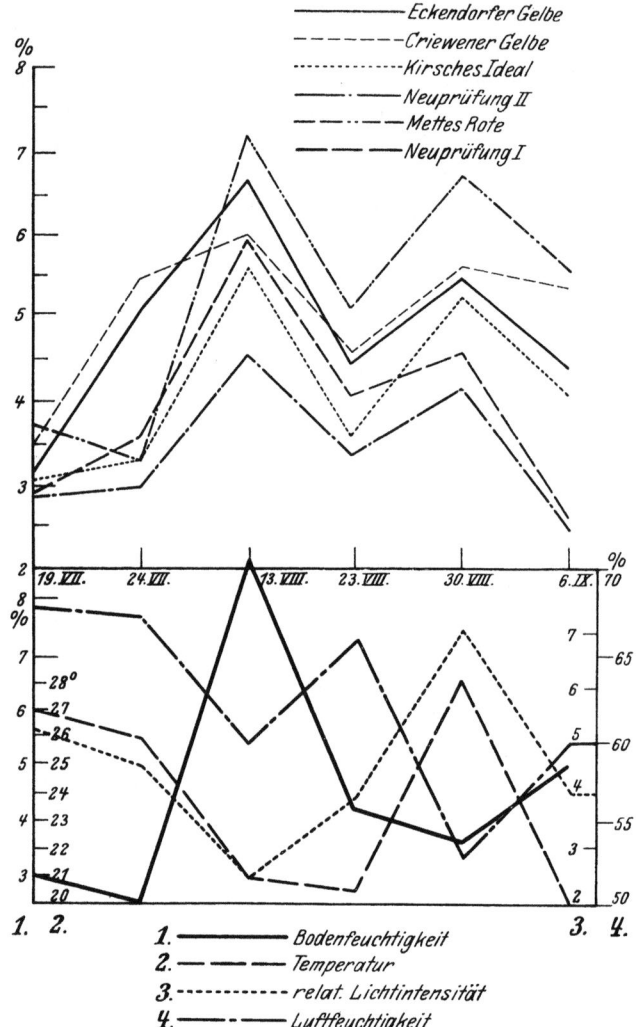

Abb. 5*. Der Verlauf der Transpiration in Prozenten des Frischgewichtes.
1. Gruppe. Im Jahre 1929.

b) Der Verlauf der Transpiration im Jahre 1930.

Im Jahre 1930 wurden 3 Gruppen mit je 8 Sorten aufgestellt. In der ersten sind besonders die Eckendorfer Abkömmlinge als Massenrüben, in der zweiten die zuckerreichen Futterrüben vereinigt. Die 3. Gruppe umfaßt Zuckerrüben. In allen dreien befindet sich „Kirsches Ideal" als Vergleichssorte. Der Verlauf der Wasserabgabe bei den Versuchen von 1930, einem Jahre, das sich durch einen besonders nassen

---

* Betreffs der Umweltfaktoren siehe Anmerkung zu Tab. 4.

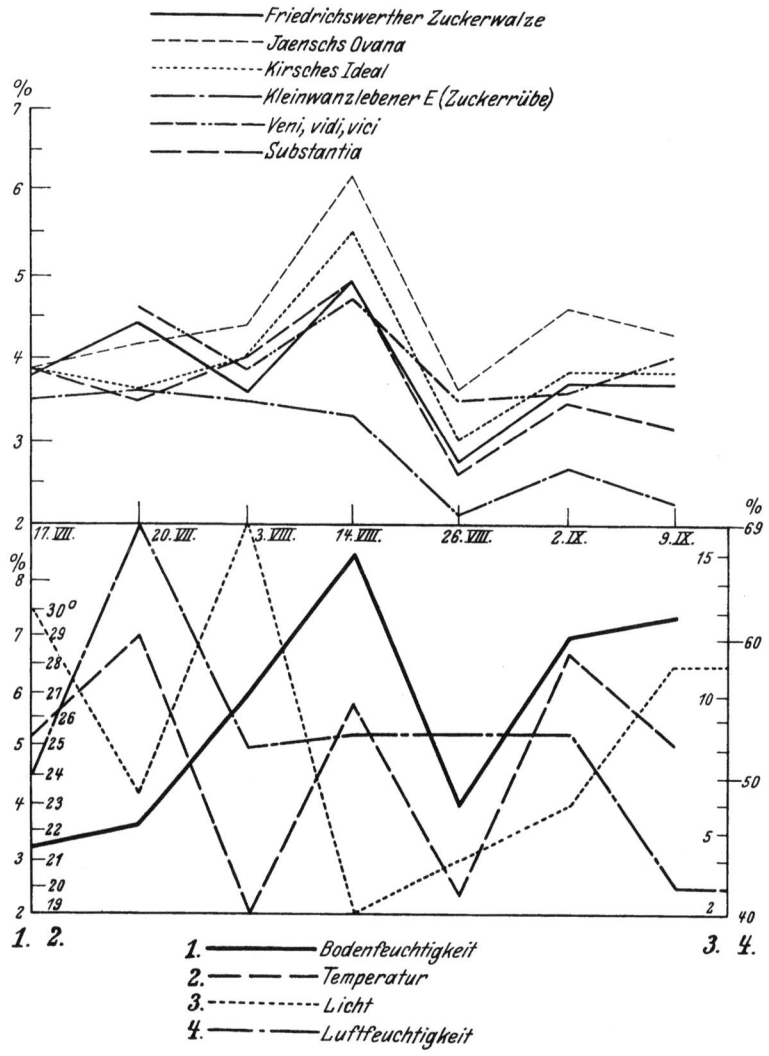

Abb. 6. 2. Gruppe. Im Jahre 1929.

Sommer auszeichnete, ist nicht so eindeutig wie bei denen des Jahres 1929. Die Kurven überschneiden sich häufiger. Dies ist aber nicht nur auf die veränderliche Witterung zurückzuführen, sondern auch auf die nahe Verwandtschaft der Sorten innerhalb einer Gruppe. Infolge plötzlicher Regengüsse mußten die Versuche häufig abgebrochen werden. Die wechselnde Belichtung brachte Schwankungen in der Übereinstimmung hervor. Immerhin sieht man auch hier (Abb. 7, 8 und 9), daß sich die Sorten in der Reihenfolge während der ganzen Wachstumszeit

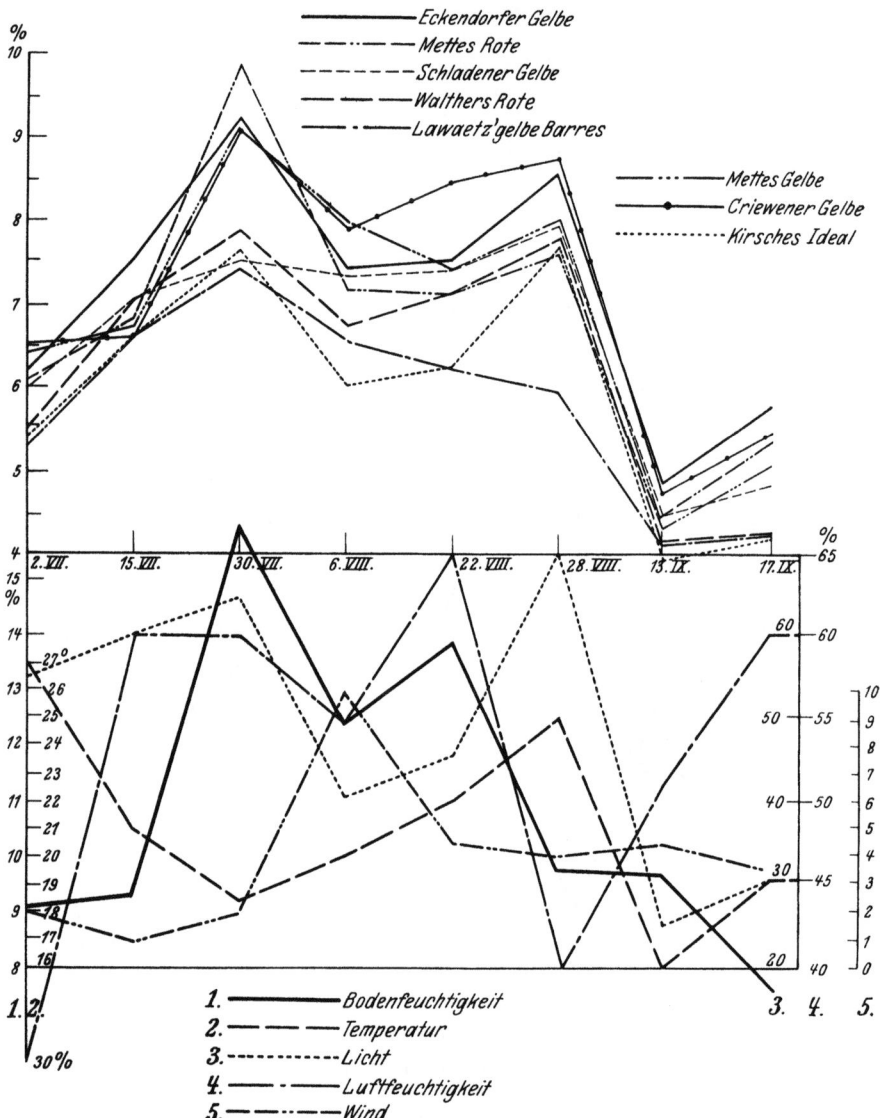

Abb. 7. Der Verlauf der Transpiration in Prozenten des Frischgewichtes.
1. Gruppe. Im Jahre 1930.

gleichbleiben. Nur die Zuckerrüben zeigen im Vergleich mit den Futterrüben einen Unterschied in der Höhe der Transpiration insofern, als sie in der Jugendperiode zunächst ebensoviel, bei späteren Versuchen dagegen weniger als diese transpirieren. Der Grund ist folgender: Die Futterrüben haben zunächst ungefähr das gleiche Blattwachstum wie die

Transpirationsversuche mit Betarüben im Laboratorium und Freiland. 97

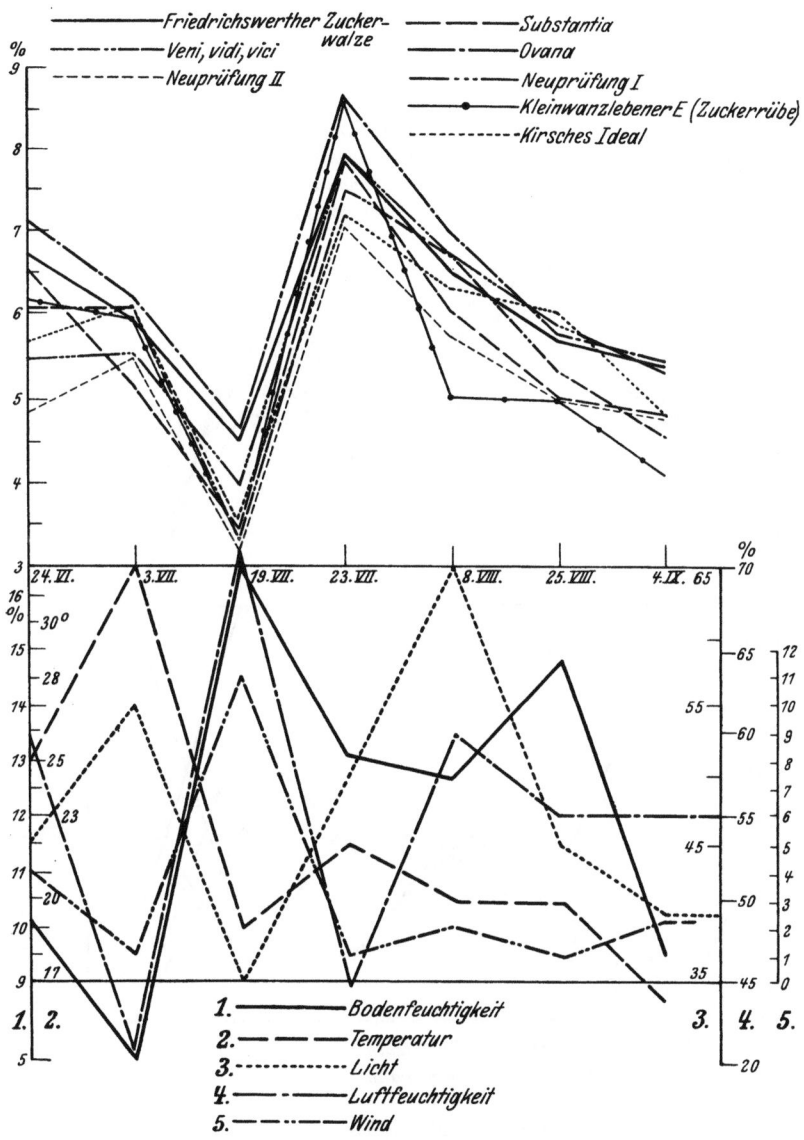

Abb. 8. 2. Gruppe. Im Jahre 1930.

Zuckerrüben. Im Laufe der Entwicklung bleiben sie aber in der Blattmasse zurück. Von Anfang August an findet man bei den Futterrüben bedeutend mehr abgestorbene und verwelkte Blätter als bei den Zuckerrüben, die bis zur Ernte eine starke Blattentwicklung aufweisen und dadurch eine *prozentual* niedrige Transpiration haben. Bei der Zucker-

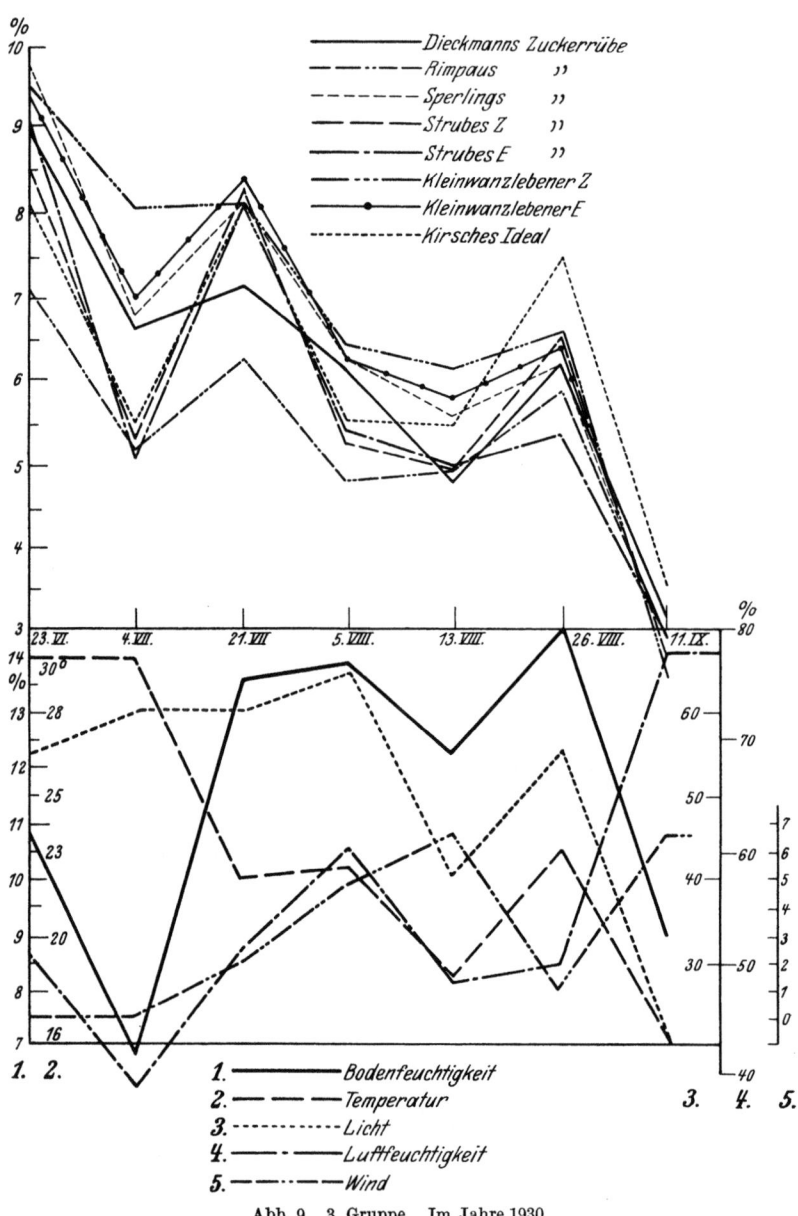

Abb. 9. 3. Gruppe. Im Jahre 1930.

rübengruppe (Abb. 9) liegt die Standardsorte zunächst zwischen den anderen Sorten. Erst an den letzten beiden Versuchstagen liegt sie deutlich darüber. Für die Kleinwanzlebener Zuckerrübe „E", in der 2. Gruppe (Abb. 8), ist das Verhältnis gerade umgekehrt. Von den miteingezeichneten Umweltfaktoren kann allgemein gesagt werden, daß starkes Licht, hohe Bodenfeuchtigkeit und Temperatur die Transpiration erhöhen, hohe Luftfeuchtigkeit und starker Wind dagegen den Wasserverbrauch herabsetzen. Ein Zusammenwirken dieser Umwelteinflüsse bestimmt die jeweilige Transpirationsgröße des Tages. Bei Rüben, bei denen man nicht, wie beim Getreide, von verschiedenen Entwicklungsstadien, z. B. der Zeit des Schossens, der Milchreife usw., sprechen kann, ist die relative Stärke der Wasserabgabe fast nur von der Umwelt abhängig.

Tabelle 17.
Zahl der Wiederholungen je Versuchstag und Zahl der untersuchten Individuen. Im Jahre 1930.

Datum des Versuchstages	Zahl der Versuchswiederholungen	Zahl der je Sorte und Tag untersucht. Pflanzen	Datum des Versuchstages	Zahl der Versuchswiederholungen	Zahl der je Sorte und Tag untersucht. Pflanzen	Datum des Versuchstages	Zahl der Versuchswiederholungen	Zahl der je Sorte und Tag untersucht. Pflanzen
1. Gruppe: 8 Futterrübensorten (Massenrüben).			*2. Gruppe:* 8 Futterrübensorten (Gehaltsrüben).			*3. Gruppe:* 7 Zuckerrübensorten, 1 Futterrübensorte.		
2. VII.	7	42	24. VI.	6	36	23. VI.	7	42
15. VII.	6	30	3. VII.	7	42	4. VII.	6	36
30. VII.	7	28	19. VII.	7	28	21. VII.	7	28
6. VIII.	7	21	23. VII.	6	24	5. VIII.	6	24
22. VIII.	6	12	8. VIII.	7	21	13. VIII.	7	21
28. VIII.	6	12	25. VIII.	6	12	26. VIII.	5	10
3. IX.	7	14	4. IX.	5	10	11. IX.	6	12
17. IX.	6	12			173			173
		171						

c) *Rangordnung der Sorten nach dem Wasserverbrauch und dem Blattgewicht.*

Um ein genaues Bild von dem Wasserverbrauch der Sorten zu bekommen, muß mit den *absoluten Transpirationsgrößen* gerechnet werden, da nur auf diese Weise das verschieden hohe Blattgewicht der Sorten berücksichtigt werden kann (vgl. auch S. 85). Von den etwa 170 Pflanzen jeder Sorte, die im Laufe des Jahres 1930 untersucht wurden, ist *die durchschnittliche Transpiration einer Pflanze* berechnet worden. Damit die 3 Gruppen miteinander verglichen werden können, ist in jeder der Wasserverbrauch von „Kirsches Ideal" als Standard gleich 100 gesetzt und für die anderen der entsprechende relative Wert errechnet worden. Um ersehen zu können, ob diese hohe Wasserabgabe einer Sorte durch große Blattmasse verursacht wird, oder ob sie davon unabhängig ist, wurden die Blattgewichte der untersuchten Pflanzen, ebenfalls auf Standard gleich 100 berechnet, neben die Wasserverbrauchszahlen gesetzt (Tab. 18). Diese Blattgewichte sind nur in

7*

Tabelle 18. *Rangordnung der Sorten nach dem Wasserverbrauch.*

Name der Sorte	Bezogen auf Kirsches Ideal = 100	
	absolute Transpiration	Blattgewicht[1]
1929.		
Kirsches Ideal	100,0	100,0
Friedrichswerther Zuckerwalze	96,6	98,0
Substantia	93,2	97,4
Mettes Rote	86,8	71,2
Criewener Gelbe	86,8	68,9
Ovana	86,4	79,5
Veni, vidi, vici	86,4	83,8
Kleinwanzlebener E (Zuckerrübe)	85,6	107,3
Eckendorfer Gelbe	80,3	69,8
Neuprüfung II (Futterrüben)	72,0	81,7
„ I „	70,9	67,5
1930.		
1. *Massenrüben:*		
Neuprüfung I	102,6	97,4
Schladener Gelbe	97,8	90,2
Neuprüfung II	97,3	103,5
Walthers Rote	92,4	88,3
Criewener Gelbe	91,9	78,3
Mettes Gelbe	90,3	79,7
„ Rote	88,1	78,0
Eckendorfer Gelbe	87,1	72,4
2. *Gehaltsrüben:*		
Mohrenweisers Veni, vidi, vici	105,2	104,8
Kirsches Ideal	100,0	100,0
Friedrichswerther Zuckerwalze	96,0	89,5
Substantia	95,4	95,9
Lawaetz' gelbe Barres	86,0	90,3
Jaenschs Ovana	85,4	77,3
3. *Zuckerrüben:*		
Kleinwanzlebener Z	90,7	89,5
Dieckmanns	90,2	91,6
Kleinwanzlebener E	90,0	93,1
Sperlings	85,1	86,6
Rimpaus	83,5	96,9
Strubes Z	83,5	92,3
„ E	78,8	88,4

[1] Um erkennen zu können, ob die starke Transpiration einer Sorte auf große Blattmasse zurückzuführen ist, oder ob sie davon unabhängig ist, wurden die durchschnittlichen Blattgewichte der untersuchten Pflanzen neben die Wasserverbrauchszahlen gesetzt.

Verbindung mit den Transpirationsgrößen zu betrachten, da sie wie diese aus verschiedenen Entwicklungsstadien stammen. Sie entsprechen aber auch, bis auf die Zuckerrübensorten, ungefähr den relativen Werten, die bei der Ernte als durchschnittliches Blattgewicht einer Sorte gefunden wurden. 1929 stand nur eine geringere Zahl von Versuchspflanzen zur Verfügung. Es sind etwa 100 Pflanzen je Sorte zur Berechnung des Durchschnittes benutzt worden. Daß die Rangordnung der Sorten in beiden Jahren etwas voneinander abweicht, ist nicht verwunderlich, wenn man bedenkt, daß in den beiden Versuchsjahren besonders extreme Witterungsverhältnisse geherrscht haben: 1929 große Trockenheit, 1930 starke, über den ganzen Sommer verteilte Niederschläge.

d) Diskussion der Ergebnisse.

Ein *Vergleich der Rangordnungen* zeigt, wir die sehr verschiedene Witterung der beiden Versuchsjahre sich sowohl auf die Blattentwicklung als auch auf die Stärke der Transpiration bei den einzelnen Sorten ausgewirkt hat. So zeigt z. B. die Neuprüfung I 1929 geringe Blattentwicklung und niedrigen Wasserverbrauch, während sie 1930 starke Blattbildung und hohe Transpiration aufweist. Im Gegensatz dazu behält Jaenschs Ovana in beiden Jahren zur Standardsorte das gleiche Verhältnis. Gegen die Verwendung einer Vergleichssorte kann eingewendet werden, daß diese nicht so wie die anderen Sorten auf die verschiedene Witterung im Laufe des Jahres zu reagieren braucht. Für Rüben ist diese verschiedene Reaktionsfähigkeit im Laufe der Wachstumsperiode nicht ausgeprägt, wie die Kurven des Transpirationsverlaufes zeigen (vgl. Abb. 5 und 6). Immerhin ist es vorteilhaft, wenn alle zu prüfenden Sorten *an einem Tage* untersucht werden können. Bei einem Vergleich der Ergebnisse verschiedener Jahre ist die Reaktion der Standardsorte auf die Witterung des ganzen Jahres von Bedeutung und nur unter Beachtung dieses Gesichtspunktes ein Vergleich der Rangordnungen mehrerer Jahre möglich.

Die Wasserverbrauchszahlen *für Zuckerrüben* und besonders die Blattgewichte würden im Durchschnitt etwas höher kommen, wenn die größere Blattmasse in den Monaten September bis Oktober mehr berücksichtigt worden wäre. Infolge der ungünstigen Witterung waren in diesen Monaten nur wenige Versuche möglich. Da aber in dieser Zeit meist genügend Niederschläge fallen und außerdem durch kürzere Tage und geringere Lichtintensität die Wasserabgabe herabgesetzt wird, ist es für die landwirtschaftliche Praxis wichtiger, wenn sich die Sorten *in den Monaten Juli und August durch einen sparsamen Wasserhaushalt auszeichnen.* Die Erfahrungen der Praxis und auch die Ergebnisse des trockenen Jahres 1929 lehren, daß Zuckerrüben einen niederschlagsarmen Sommer besser überstehen als Futterrüben. Dies hängt nicht nur mit der tieferen Bewurzelung, sondern auch mit der geringeren Transpiration der Zuckerrüben in dieser Jahreszeit zusammen.

Der Einfluß des Blattgewichtes auf die Höhe der Wasserabgabe ist bei vielen Sorten unverkennbar. Man kann aber nicht sagen, daß blattreiche Sorten auch einen hohen Wasserbedarf haben müssen. Mitunter ist hohes Blattgewicht mit niedriger Transpiration verbunden. Lawaetz' gelbe Barres hat z. B. eine stärkere Blattentwicklung, aber einen geringeren Wasserverbrauch als die Eckendorfer. Für die Zuckerrübe wurde schon erwähnt, daß sie ihre große Blattmasse erst in einer Zeit ausbildet, in der meist genügend Niederschläge zur Verfügung stehen, sodaß ihre starke Blattentwicklung die Wasserbilanz nicht ungünstig beeinflußt. Für die Assimilation ist sie dagegen von Vorteil. Die Eckendorfer Abkömmlinge zeigen, nach Beschreibung der Züchter, eine stärkere Blattbildung und damit einen höheren Wasserverbrauch als die Original-Eckendorfer. Die bei den Versuchen gefundenen niedrigen Transpirationswerte dieser Sorte und einiger ihrer Abkömmlinge stimmen mit den praktischen Erfahrungen überein. Auf trockenen Böden werden diese Sorten bevorzugt.

Die aufgestellten Rangordnungen können zunächst nur für die beiden Versuchsjahre und für die in Probstheida herrschenden Boden- und Klimaverhältnisse gelten und bedürfen für andere Gebiete der Nachprüfung. Es ist aber anzunehmen, daß die Stärke der Transpiration als Sorteneigenschaft überall gleich bleibt.

4. Morphologische Merkmale und ihre Beziehungen zur Transpiration.

Von den Beziehungen, die zwischen *Blattgewicht und transpirierter Wassermenge* bestehen, war schon in einem besonderen Abschnitt die Rede. Die sehr verschieden große Blattmasse wird bei einigen Sorten durch einen hohen *Stengelanteil am Krautgewicht* hervorgerufen. Einige in dieser Richtung angestellte Wägungen zeigten bei verschiedenen Sorten bedeutende Verschiedenheiten. Die Zahl der untersuchten Pflanzen reicht aber nicht aus, um eine genaue Sortencharakteristik zu geben. Häufig genügt schon der Augenschein, um Unterschiede in dieser Richtung erkennen zu können. Bei den beiden Neuprüfungen kann der Einfluß des verschiedenen Blattstielanteiles in seiner Wirkung auf die verbrauchte Wassermenge erkannt werden (vgl. Rangordnung Tab. 18). Während bei der Neuprüfung II das hohe Blattgewicht durch sehr starke, sehr elastische Stiele von heller Farbe wesentlich beeinflußt wird, hat Neuprüfung I schwächere Stiele. Der Wasserverbrauch ist bei der erstgenannten absolut und auch bezogen auf das Frischgewicht geringer als bei der zweiten. Die Transpiration des Blattstieles ist im Vergleich zu der der Blattspreite sehr gering. Ein im Laboratorium angestellter Versuch hatte die in Tab. 19 angegebenen Ergebnisse.

Tabelle 19. *Transpiration von Blattstiel und Blattspreite.*

Je 3 Blätter von der	Frischgewichte von Stiel + Spreite zusammen (in Klammern: Gewichte der Stiele allein) g	Wasserabgabe der			
		Blattspreiten		Blattstiele	
		absolut g	relativ %	absolut g	relativ %
1. Pflanze	25,17 (5,80)	0,51	2,02	0,02	0,08
2. „	42,85 (12,77)	1,58	3,68	0,02	0,05
3. „	56,64 (20,56)	1,88	3,31	0,07	0,12
4. „	19,28 (6,62)	0,64	3,31	0,04	0,21

Versuchsort: Laboratorium; Datum: 29. VII. 1930; Beleuchtung: acht 100-Wattlampen; Temperatur: 25°; relative Luftfeuchtigkeit: 63%; die Blätter stammen von 8 Wochen alten Pflanzen (Sorte: Substantia).

Die Blattoberfläche ist keine bessere Bezugseinheit als das Blattgewicht. Rüben zeigen eine verschiedene Beschaffenheit der Oberfläche insofern, als häufig *Blattwellungen und gekräuselte Blattränder* auftreten. Ob die gewellte Blattfläche eine Erhöhung der Transpiration durch vergrößerte Oberfläche oder eine Herabsetzung der Wasserabgabe durch eine Art Windschutz durch die Wellungen und dadurch erschwerten Abzug der mit Wasserdampf gesättigteren Luft dicht über dem Blatte verursacht, konnte nicht entschieden werden. Die Sorten mit stark gewellten Blättern, besonders die Zuckerrüben, zeigten gegenüber den Eckendorfer Rüben mit glatter Blattfläche keinen Unterschied in der Wasserabgabe, der sich auf die Form der Blattfläche zurückführen ließe. Wohl kann aber die Assimilation durch Vergrößerung der Oberfläche erhöht werden.

Der Einfluß der Blattstellung auf die Transpiration ist unverkennbar. Allgemein kann man sagen, daß die blattreichen Sorten eine aufrechte Haltung zeigen, während bei den blattarmen die Blätter mit gebogenem, meist am Ansatz gespaltenem Blattstiel nach unten hängen. Die ältesten Blätter breiten sich dabei auch bei voller Turgescenz auf dem Boden aus. Durch dieses rosettenförmige Ausbreiten wird die Transpiration erhöht. Bei meinen Versuchen zeigte sich dies in der auf das Frischgewicht der Blätter bezogenen starken Wasserabgabe der blattarmen Sorten (vgl. die Eckendorfer Abkömmlinge, Abb. 5). Bei den blattreichen Sorten mit aufrechtstehenden Blättern wird die Transpiration durch gegenseitige Beschattung und dadurch, daß der Wind nicht so leicht die an Wasserdampf gesättigtere Luft über der Pflanze beseitigen kann, auf geringerer Höhe gehalten. Die Sorten mit großer Blattmasse haben daher eine geringere relative Transpiration als die mit weniger Blättern. Bei sehr starker Wasserabgabe werden die Blätter vollkommen schlaff und hängen herab. Besonders in dem trockenen Sommer 1929 konnte dies bei allen Sorten gleichmäßig beobachtet werden. Erst in der Nacht erlangen sie ihre volle Turgescenz wieder.

Bei stark welkenden Pflanzen ist die Wasserabgabe herabgesetzt, obwohl häufig beobachtet wurde (*F. Weber*[30]), daß die Stomate weit geöffnet sind.

Über den Einfluß der Farbe und der Nervatur des Blattes wurden keine Beobachtungen gemacht. Ein Zusammenhang zwischen *Blattvolumen und Transpiration* besteht insofern, als Pflanzen, die bei reichlicher Feuchtigkeit wachsen, dickere Blätter und höhere Wasserabgabe zeigten als bei Trockenheit gewachsene Rüben. *Die Form des Rübenkörpers* ist von Bedeutung, da dieser verschieden weit in der Erde steckt. Die Walzenform verbraucht mehr Wasser als die im Boden steckende Zuckerrübe. Durch diese stärkere Transpiration des Rübenkörpers wird der hohe relative Wasserverbrauch der Massenrüben mit bedingt.

Die Höhe der Wasserabgabe ist Sorteneigentümlichkeit und am morphologischen Aufbau meist nicht zu erkennen. Die Feststellung der Transpirationsgröße mit Hilfe der Anwelkmethode könnte deshalb auch zum Erkennen von Unterschieden bei Sortenidentitätsversuchen benutzt werden.

5. Vergleich des Wasserverbrauchs mit dem Ertrag an Wurzelmasse, Trockensubstanz und Zucker.

Für die landwirtschaftliche Praxis erscheinen in vielen Fällen die Sorten als die besten, die hohen Ertrag mit geringem Wasserverbrauch vereinen, da sie auch in trockenen Jahren mit den geringeren Wassermengen auskommen können. Ein Vergleich der bei den Versuchen gefundenen Wasserverbrauchswerte mit den Erträgen ist daher wohl angebracht. Die in der Tabelle angegebenen Ertragswerte stammen von den Sortenprüfungen der D.L.G. in Probstheida aus den gleichen Jahren. Der Ertrag an Wurzelmasse ist auf eine Standardsorte berechnet, während die Zahlen des Hektarertrages an Trockensubstanz und Zucker die aus dem Prozentgehalt errechneten absoluten Werte darstellen (vgl. Tab. 20). Man darf von vornherein keinen direkten Zusammenhang zwischen Ertrag und Wasserverbrauch erwarten, denn die geerntete Masse ist auch von der Assimilation, die verbrauchte Wassermenge von der Transpiration abhängig. Diese beiden Funktionen der Blätter stehen in keinem Zusammenhang miteinander. Ein Vergleich hat aber für den Züchter und den Praktiker Wert, da man in der Praxis häufig ein Kompromiß zwischen Ertrag und Anspruchslosigkeit in bezug auf Wasser schließen muß. Interessant ist, daß trotz der reichlichen Feuchtigkeit im Jahre 1930 und damit verbundener Massenwüchsigkeit der Rüben die Prozentzahlen des Zucker- und Trockensubstanzgehaltes höher sind als 1929. Dies hängt zweifellos neben dem Wassermangel mit der geringen Lichtintensität im Sommer

Tabelle 20. *Ertragswerte und Wasserverbrauch.*
Im Jahre 1929.

Name der Sorte	Kirsches Ideal	Friedrichswerther Zuckerwalze	Substantia	Mettes Rote	Criewener Gelbe	Ovana	Veni, vidi, vici	Kleinwanzlebener Zuckerrübe E	Eckendorfer Gelbe
Absolute Transpiration (Standard = 100) ..	100,0	96,6	93,2	86,8	86,8	86,4	86,4	85,6	80,3
Wurzelmasse (Standard=100)	97,0	92,3	92,5	102,5	125,5	110,7	110,5	66,0	118,6
Zucker (dz je ha)	38,5	39,4	42,1	37,1	42,3	40,9	42,7	52,2	41,2
Trockensubstanz (dz je ha)...	50	47	50	50	59	58	55	60	59

Im Jahre 1930.

Name der Sorte	Veni, vidi vici	Kirsches Ideal	Friedrichswerther Zuckerwalze	Substantia	Criewener Gelbe	Mettes Gelbe	Kleinwanzlebener Zuckerrübe E	Mettes Rote	Eckendorfer Gelbe	Ovana
Absolute Transpiration (Standard = 100)......	105,2	100,0	96,0	95,4	91,9	90,3	90,0	88,1	87,1	85,4
Wurzelmasse (Standard = 100) ...	95,4	99,8	99,0	92,1	132,4	121,1	58,1	123,7	132,7	107,7
Zucker (dz je ha) .	78,5	85,4	78,0	82,0	73,2	64,1	90,9	77,7	78,7	92,4
Trockensubstanz (dz je ha)......	136,9	130,7	125,4	148,5	122,1	116,6	131,9	123,5	124,9	140,9

des Jahres 1929 zusammen. Während der *Bachmann*sche Aktinograph[5] 1929 Durchschnittswerte der Belichtung innerhalb einer Versuchsdauer zwischen 2 und 15% des Maximums (im Frühjahr) angab, wurden 1930 Zahlen von 20—70% des gleichen Maximums gemessen. Nachträglich kamen insofern Bedenken, als im Jahre 1929 das verwendete Aktinographenpapier durch längeres Lagern einen Teil seiner Lichtempfindlichkeit eingebüßt haben könnte. Diese Fehlerquelle wird auch von *Bachmann* bei der Beschreibung seines Aktinographen erwähnt und ist schwer auszugleichen. Der Unterschied kann also möglicherweise nicht ganz so groß sein, wie obige Zahlen angeben.

III. Transpiration und Umwelt.

Neben einem unerklärlichen Rhythmus, dem die Pflanze auch bei konstanten Außenbedingungen im Laboratorium im Laufe eines Tages unterworfen ist, üben die verschiedenen Witterungsfaktoren einen mehr oder weniger großen Einfluß auf die Stärke der Wasserabgabe aus. In den folgenden Abschnitten sollen Beobachtungen über den Einfluß der Umweltfaktoren auf die Transpiration im Freiland, sowie die Ergebnisse einiger im Laboratorium vorgenommener Versuche beschrieben werden. Bei Betrachtung der einzelnen Witterungsfaktoren muß mitunter auf die Kurven des Transpirationsverlaufes Abb. 9—13 zurückgegriffen werden.

1. Einfluß von Licht, Temperatur und Luftfeuchtigkeit.

Diese 3 Witterungsfaktoren sind so voneinander abhängig und ineinander übergehend, daß im Freiland nur schwer zu erkennen ist, auf welchen Einfluß eine Änderung in der Wasserabgabe zurückzuführen ist. Das Transpirationsmaximum liegt für Rüben in der Zeit von 11—1 Uhr mittags. Obwohl die relative Lichtmenge auch in den Nachmittagsstunden häufig nur um weniges geringer ist, läßt doch die Transpiration bedeutend nach. Die Rübenblätter hängen zu dieser Zeit bei Trockenheit schlaff herab und die ältesten liegen vollkommen welk auf dem Boden, um erst in der Nacht ihre Turgescenz wieder zu erlangen. Die Stomata reagieren im Freiland auf Lichtwechsel sehr rasch. Oft konnte beobachtet werden, wie viel weniger Wasser bei plötzlich eintretender Bewölkung abgegeben wird. Solche durch vorübergehende Änderung der Umwelt bedingten Schwankungen stören einen Sortenvergleich sehr, da meist nicht alle zu prüfenden Sorten zu gleicher Zeit zum Anwelken im Freien stehen. Auf die großen Unterschiede in der relativen Lichtmenge zwischen den beiden Versuchsjahren wurde schon hingewiesen. Trotz der großen Trockenheit und der höheren Temperaturen des Jahres 1929 zeigte der Lichtmesser (*Bachmann*[5]) bedeutend niedrigere Werte als 1930.

Für die *Laboratoriumsversuche* war es wichtig, festzustellen, ob die verschiedenen benutzten Lichtstärken auf die Transpiration eine unterschiedliche Wirkung ausübten. Bei folgender Belichtung wurde die Wasserabgabe von Gefäßpflanzen festgestellt.

Tabelle 21. *Wasserabgabe bei verschiedener Beleuchtung.*

Beleuchtung (50 cm über der Pflanze)	800 Watt (8 Lampen)	400 Watt (4 Lampen)	200 Watt (2 Lampen)
Relative Lichtintensität* (nach *Bachmann*)	0,7 %	0,6 %	0,5 %
Wasserabgabe in 30 Minuten von Gefäß Nr. 1	1,55 g	1,45 g	1,45 g
2	1,05 g	1,10 g	1,00 g
3	0,90 g	0,95 g	0,85 g

Dieser Versuch zeigt, daß im Laboratorium beim Wechsel in der Belichtung innerhalb der angegebenen Grenzen kein steigender oder sinkender Wasserverbrauch beobachtet werden konnte.

* In Prozenten des gleichen Maximums wie im Freiland.

2. Einfluß der Bodenfeuchtigkeit.

Der Verlauf der Wasserabgabe in den Versuchsjahren zeigt deutlich den *Einfluß des Feuchtigkeitsgehaltes des Bodens* auf die Stärke der Transpiration. Beim Vergleich der beiden Jahre sieht man, daß 1929 höchstens 5—6%, im nassen Jahr 1930 dagegen bis zu 10% des viel größeren Frischgewichtes innerhalb einer halben Stunde an Wasser abgegeben wurde. Der Tag mit der *größten Bodenfeuchtigkeit hatte auch die höchste Wasserabgabe*, wenn nicht gerade die anderen Witterungsfaktoren transpirationshemmend wirkten. Die Pflanzen treiben bei reichlichem Feuchtigkeitsgehalt des Bodens scheinbar eine Luxuskonsumtion, die bei einigen Sorten besonders ausgeprägt ist. Trotzdem ist es nur bedingt richtig, wenn gesagt wird (*K. Mayer*[20] und *Opitz* und *Rathsack*[22]), daß man nicht vom Wasserverbrauch einer Pflanze auf den Wasserbedarf schließen könne. Es gibt Sorten, die auch bei reichlich vorhandener Bodenfeuchtigkeit im Vergleich mit anderen sehr wenig Wasser abgeben. Die Versuchsergebnisse des nassen Jahres 1930 lassen dies am besten erkennen. Wenn *Opitz* und *Rathsack*[22] schreiben: „Bei Wasserreichtum des Bodens treiben verhältnismäßig trockenfeste, aber anpassungsfähige Sorten eine Art Luxusverbrauch ... Es wäre deshalb auch völlig verkehrt, aus dem Wasserverbrauch bei voller, oder auch nur hinreichender Sättigung des Bodens auf den Wasserbedarf bzw. die Dürreresistenz der Sorten schließen zu wollen," so trifft dies eben nur für anpassungsfähige Sorten zu. Beim Vergleich aller Sorten, die auf ihren Wasserverbrauch geprüft wurden, finden sich solche, die auch bei hoher Bodenfeuchtigkeit wenig Wasser abgeben. Von diesen kann man wohl erwarten, daß sie sich auch bei Trockenheit durch einen sparsamen Wasserhaushalt auszeichnen werden. Das trockene Jahr 1929 zeigt dies bei meinen Versuchen für verschiedene Sorten (z. B. Jaenschs Ovana, siehe Tab. 18). Es ist daher berechtigt, auch in nassen Jahren eine Prüfung auf den Wasserverbrauch vorzunehmen, um Sorten herauszufinden, die mit Trockenheit fürlieb nehmen.

3. Einfluß der Luftbewegung.

Im ersten Abschnitt war durch Versuche gezeigt worden, daß einzelne Blätter, bezogen auf das Gewicht, mehr Wasser abgeben als ganze Pflanzen. Als Ursache dieser Erscheinung sind für Laboratoriumsversuche die in jedem Raum vorhandenen Luftbewegungen vermutet worden, die die über dem abgeschnittenen Blatt sich bildende Dampfkuppe leichter beseitigen können als bei ganzen Pflanzen und dadurch die Transpiration erhöhen. *Welcher Luftstrom ist nun nötig, um die sich über einer Pflanze bildende Dunstkuppe zu beseitigen?* Als Vergleichsbasis wurde in folgendem Versuch die Höhe der Transpiration der einzeln aufgestellten Blätter einer Pflanze angenommen und die Stärke des Windstromes gesucht, bei der die ganze Pflanze ebensoviel transpiriert wie die Summe der Transpirationsgrößen der abgeschnittenen Blätter. Zur Erzeugung des für die folgenden Versuche nötigen Windes diente ein geschlossener Ventilator, dessen Luftstrom durch eine Öffnung von 5 mm Durchmesser in Höhe der Pflanzen austritt. Dieser kegelförmig sich ausbreitende Windstrom ist bis etwa 1 m gleichmäßig, erst dann entstehen durch die Luftbewegungen des Raumes Wirbel. Durch Drosseln des Motors oder durch das Aufstellen der Pflanzen in verschiedenen Entfernungen von der Windquelle konnten die gewünschten Stärken erhalten werden. Die Windgeschwindigkeiten wurden in Metern pro Sekunde durch die Umdrehungszahl eines Windmessers in der Zeiteinheit festgestellt (Herstellerfirma: Rosenmüller-Dresden). Im ersten Versuch wurden fünf in Größe und Wuchsform ausgeglichene Rübenpflanzen, die in Töpfen herangewachsen waren, bei verschiedenen Windgeschwindigkeiten im Laboratorium auf ihren Wasserverbrauch geprüft. Die Töpfe wurden auf die schon beschriebene Art mit Paraffin abgedichtet. Die Transpiration wurde gewichtsmäßig festgestellt. Jede Pflanze stand bei einer anderen Windgeschwindigkeit. Eine Rübe blieb vor bewegter Luft geschützt. Nach 30 Minuten wurde der Wasserverbrauch festgestellt und darauf alle Blätter einer jeden Pflanze abgeschnitten und einzeln ohne Wind zum Anwelken aufgestellt. Die durch den Wind hervorgerufene Steigerung der Transpiration gegenüber der Summe der Wasserabgabe der einzelnen Blätter einer jeden Pflanze ist in der Abbildung 10 in Prozenten der Einzelblatttranspiration ausgedrückt. Man sieht, daß schon ein ganz schwacher Luftstrom genügt, um die Dunstkuppe über der Pflanze stark zu verringern, und daß höhere Windgeschwindigkeiten eine beträchtliche Förderung der Transpiration zur Folge haben. Die vor Wind geschützte Pflanze gab wachsend 21% weniger ab als ihre einzeln aufgestellten Blätter. Während ein Luftstrom von ungefähr 0,1 m pro Sekunde nur eine Steigerung von 5% hervorruft, wurde in diesem Versuch die Transpiration bei einer Windgeschwindigkeit von 0,8 m pro Sekunde um 57% gesteigert.

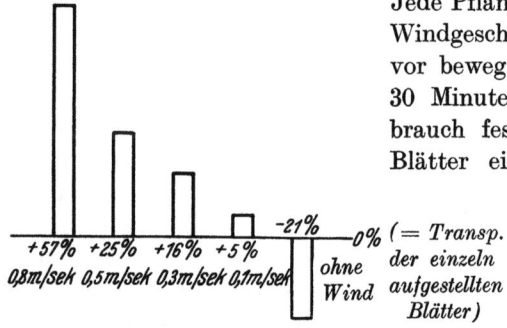

Abb. 10. Beseitigung der Dunstkuppe und Transpirationssteigerung durch Wind, in Prozenten der Wasserabgabe der einzeln aufgestellten Blätter. Im Laboratorium, am 20. VI. 1930. Beleuchtung: 8 100-Wattlampen; Temperatur: 29°; relative Luftfeuchtigkeit: 54%.

Ein zweiter Versuch, bei dem 4 Gefäßpflanzen zunächst ohne Wind, dann nach einer Anpassungszeit von 10 Minuten jede Pflanze bei einer anderen Windgeschwindigkeit auf ihren Wasserverbrauch untersucht wurden, bestätigte die Ergebnisse des ersten Versuches und zeigte darüber hinaus, daß *bei starkem Wind die Transpiration wieder herabgesetzt wird* (vgl. Tab. 22). Diese Erscheinung, die bei allen angestellten Versuchen (Tab. 23) auftrat und die auch von anderen Versuchsanstellern festgestellt wurde (*Burgerstein*[9], *Seybold*[26]), beruht nach *Seybold* darauf, daß infolge Deturgescenz der Schließzellen eine Verengung der Spalten eintritt. Diese Turgorverminderung soll dadurch hervorgerufen werden, daß die Steigerung der Wasserabgabe bei bewegter Luft hauptsächlich durch vermehrte cuticuläre Transpiration verursacht wird. Der Wasserverlust der Schließzellen selbst rechnet zur Cuticulartranspiration. Diese Anschauung wird durch Ergebnisse von *Stahl* (*Burgerstein*[8]) bestärkt, der festgestellt hat, daß *die Schließzellen stärker transpirieren* als die übrigen Epidermiszellen. Andere Autoren (*Gradmann*[13] u. a.) stehen auf dem Standpunkt, daß auch die stomatäre Transpiration, also die Wasserabgabe des Mesophylls durch die Spaltöffnungen, durch den Wind bedeutend gesteigert wird. *Sierp* und *Seybold*[28] stellten fest, daß „die Verdunstung aus kleinen Poren sich im Wind und Ruhe nicht sehr wesentlich unterscheidet." Auch *Huber*[16] ist zu den gleichen Ergebnissen gekommen. Schon nach 10 Minuten kann man *bei starker Luftbewegung eine Schließen der Spalten* feststellen. Während Petroleum bei Pflanzen in unbewegter Luft nach 3—4 Sekunden eindrang, begann die Infiltration bei Rüben, die bei einer Windgeschwindigkeit von 2 m/sec standen, nur noch an einigen Stellen ganz langsam. Benzol drang ohne Wind sehr rasch, bei Wind von 1,5 m/sec deutlich verlangsamt ein.

Tabelle 22. *Einfluß verschiedener Windstärken auf die Transpiration.*
(Transpirationszunahme in Prozenten der Wasserabgabe der gleichen Pflanze bei unbewegter Luft.)

Pflanze Nr.	1	2	3	4
Windstärke in m/sec	immer ohne Wind	0,1	0,5	1,25
1. Serie (Mettes Rote)	— 1,2%	+ 2,6%	+ 18,4%	+ 9,9%
2. Serie (Kirsches Ideal)	— 0,7%	+ 0,9%	+ 16,9%	+ 11,1%

Im Laboratorium, am 24. IX. 1930. Beleuchtung: Sechs 50-Wattlampen, Temperatur: 25°. Relative Luftfeuchtigkeit: 55%.

Bei allen Versuchen mit verschiedenen Windgeschwindigkeiten zeigte sich, daß nur bis zu einem gewissen Punkt eine Erhöhung des Wasserverbrauches eintritt. Diese Grenze ist bei etwa 30 cm großen Rübenpflanzen im Laboratorium bei einer Windgeschwindigkeit von ungefähr 0,75 m/sec erreicht (siehe Tab. 23). Die Schwankungen bei den einzelnen Windstärken erklären sich leicht aus der auch innerhalb einer Sorte sehr verschiedenen Wuchsform der Rüben und dadurch bedingter unterschiedlicher Einwirkung des Windes.

Tabelle 23. *Transpirationszu- bzw. -abnahme bei verschiedenen Windgeschwindigkeiten in Prozenten der Wasserabgabe der gleichen Pflanze bei unbewegter Luft.*

Nr. des Versuches	2 m/sec	1,5 m/sec	1,25 m/sec	1,0 m/sec	0,75 m/sec	0,5 m/sec	0,25 m/sec	0,1 m/sec
1	−18%	−4%	+10%	+16,7%	+57%	+25%	+16 %	+5 %
2	—	−9%	+11%	+10,5%	+58%	+22%	+ 7,3%	+1 %
3	—	—	—	+28 %	—	+17%	+ 9 %	+2,5%
4	—	—	—	—	—	+18%	+10 %	—

Verwendet wurden je eine 8 bis 10 Wochen alte Pflanze „Criewener Gelbe" im Gefäß, Versuchsdauer je 30 Minuten.

Bei der Höhe der Steigerung ist zu bedenken, daß die Pflanzen im Laboratorium sehr wenig Wasser abgeben. Bei stärkerer Transpiration, besonders bei direkter Sonnenbestrahlung, wird voraussichtlich keine so intensive Zunahme erreicht werden, die angewendeten Windstärken werden von den Meteorologen noch zum Teil als Windstille, bei 1,5 bis 2 m/sec als schwache Luftbewegung bezeichnet.

Für die Anwelkversuche muß die Frage geklärt werden, ob der Wind auf die *abgeschnittenen Pflanzen* innerhalb einer halben Stunde die gleiche Wirkung ausübt wie auf die Gefäßpflanzen. Die Ergebnisse von zwei Versuchen zeigen, daß Luftbewegungen abgeschnittene Pflanzen genau so beeinflussen, wie die noch im Gefäß wurzelnden Rüben (Tab. 24).

Tabelle 24.
Transpiration abgeschnittener Pflanzen bei verschiedenen Windgeschwindigkeiten.
1. Versuch: In Prozenten des Frischgewichtes.

	Ohne Wind	0,5 m/sec	0,75 m/sec	1,5 m/sec
Wasserabgabe	1,57%	1,81%	1,87%	1,47%
Frischgewicht	65,32 g	61,24 g	67,89 g	59,85 g

2. Versuch: Im Vergleich mit der Wasserabgabe der wachsenden Pflanze.

| Nr. der Pflanze | Wasserabgabe der Pflanze | | Benutzte Windstärke | Zu- oder Abnahme | Frischgewichte |
	im Gefäß ohne Wind g	abgeschnitten mit Wind g		%	g
1	1,85	1,90	ohne Wind	+ 2,7	95,30
2	1,12	1,05	1,5 m/sec	− 6,2	70,55
3	1,32	1,95	0,75 „	+47,7	72,30
4	1,69	1,96	0,5 „	+15,9	88,75

Im Laboratorium, mit 9 Wochen alten Pflanzen, Substantia. Belichtung: Acht 100-Wattlampen, Temperatur: 27°. Relative Luftfeuchtigkeit: 55 bis 58%. Versuchsdauer je 30 Minuten.

Die Ergebnisse der Laboratoriumsversuche mit verschiedenen Windstärken können nicht ohne weiteres auf die ganz anderen Verhältnisse des Freilandes übertragen werden. Exakte Versuche über den Einfluß des Windes auf die Transpiration der Pflanzen innerhalb eines Feldbestandes lassen sich schwer durchführen, da es unmöglich erscheint, alle anderen Umweltfaktoren auszuschalten bzw. konstant zu halten, und nur den Wind zu variieren. Es können höchstens aus den Sortenprüfungsversuchen, die bei den verschiedensten Umweltfaktoren gemacht wurden, einige Schlüsse auf die Einwirkung bewegter Luft gezogen werden. Im Freiland hat sich, wie im Laboratorium, gezeigt, daß starker Wind die Transpiration herabsetzt. Da aber damit meist niedrige Temperatur und Bewölkung verbunden ist, kann die verminderte Wasserabgabe nicht eindeutig auf den starken Wind zurückgeführt werden.

4. Einfluß des Taues.

Ein häufiges Hindernis für die Transpirationsversuche im Freiland ist der in der Nacht gefallene Tau, der an den vor Sonne geschützten Blattstellen nur sehr langsam verdunstet und oft vor 10—11 Uhr vormittags keine genauen Transpirationsbestimmungen gestattet. In den folgenden Abschnitten soll in Anlehnung an eine Arbeit von *Hiltner*[14] die Brauchbarkeit der Transpirationsgestelle und das Verfahren mit paraffinierten Rüben zur Taumengenmessung festgestellt werden. Diese Untersuchungen wurden nur während einiger Nächte vorgenommen. Die Ergebnisse können also nicht allgemeine Geltung haben, sondern sollten nur dazu dienen, einen evtl. Zusammenhang zwischen Taufall und Transpiration erkennen zu lassen.

a) Feststellung der gefallenen Taumenge.

Die auf eine *von Pflanzenwuchs bedeckte Flächeneinheit gefallene Taumenge* ist durch die Verschiedenheit der Pflanzenarten und durch starken Wechsel von Temperatur und Wind sehr unterschiedlich. Die vorhandenen Taumesser geben nur ein ungenaues Bild. *Hiltner*[14] stellte die direkte Gewichtszunahme verschiedener Pflanzen in einer Taunacht fest. In ähnlicher Weise wurde die gefallene Taumenge mit Hilfe der beschriebenen Transpirationsgestelle von mir gemessen. Noch vor Sonnenuntergang, bevor der Taupunkt erreicht war, wurden je zwei bis vier normale Rübenpflanzen in die Gestelle gebracht, nachdem sie wie für die Transpirationsversuche paraffiniert worden waren. Eine Serie der gewogenen Pflanzen wurde in den Bestand zurückgebracht, eine weitere frei aufgestellt. Mit 5 Parallelversuchen erhält man einen guten Durchschnitt. Die Unterschiede in der Taumenge, die durch verschieden große Pflanzen hervorgerufen werden, sind nicht sehr groß. In beliebigen Abständen, nach einer halben oder einer Stunde, kann die Gewichtszunahme durch Wiegen der Gestelle, wie bei den Transpirationsversuchen, festgestellt werden. Zu Anfang des Versuches ist es zweckmäßig, in geringeren Abständen zurückzuwiegen, um den genauen Zeitpunkt festzustellen, von dem an die Pflanzen nicht mehr durch Wasserabgabe leichter, sondern durch Taubeschlag schwerer werden. Wenn die Luft mit Wasserdampf gesättigt ist, das ist innerhalb des Bestandes zu Beginn des Taufalles, kann keine Transpiration mehr stattfinden. Um die an den Gestellen niedergeschlagene Feuchtigkeit zu messen, wurde ein Gestell ohne Pflanzen unter den gleichen Bedingungen aufgestellt, dessen Gewichtszunahme von der erhaltenen Taumenge abgezogen wurde.

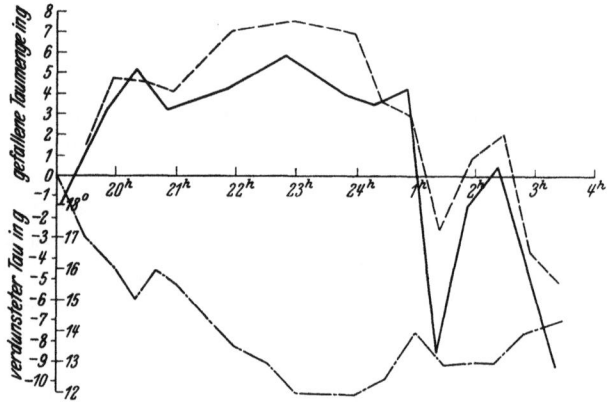

Abb. 11. Verlauf des Taufalls in der Nacht vom 26. zum 27. VIII. 1930. ——— = 2 Pflanzen im Freien aufgestellt (Blattgew.: 1625 g); — — — = 2 Pflanzen im Bestand aufgestellt (Blattgew.: 1086 g) — · — = Temperatur.

Wie die Kurven (Abb. 11) zeigen, stimmten die gewogenen Taumengen sehr gut mit dem Verlauf der Temperatur überein. Bei sinkender Temperatur konnte eine Gewichtszunahme, bei steigender eine Abnahme festgestellt werden. Selbst geringe Temperaturschwankungen rufen eine gewichtsmäßig sehr deutlich meßbare Änderung im Taubefall hervor. Da die Luft dicht über den Pflanzen und im Bestand wasserdampfreicher ist, muß auch die niedergeschlagene Taumenge dort größer sein als bei frei stehenden Pflanzen. Die gestrichelten Kurven lassen das deutlich erkennen. Steigende Temperatur wirkte sich auf die isoliert stehenden Gestelle durch stärkere Verdunstung des Taues rascher aus. Daher zeigte die ausgezogene Kurve gegen 2 Uhr morgens stärkere Spitzen als die gestrichelte. Die gesamte gewogene Taumenge betrug in dieser Nacht im Mittel von vier Wiederholungen auf 2 Pflanzen 44,5 g. Dies würde ungefähr 1680 kg Wasser auf ein

Hektar mit Rüben bestandener Fläche oder einer Niederschlagsmenge von 0,17 mm entsprechen. Der Taufall würde landläufig als *ziemlich schwach* bezeichnet worden sein. In anderen Nächten wurde beträchtlich mehr gemessen. Auch *Hiltner* ist bei seinen Versuchen zu höheren Zahlen gekommen.

b) Tau und Transpiration.

Beim Erreichen des Taupunktes innerhalb eines Bestandes schlägt sich an den Blättern ein feiner Beschlag nieder. Die Transpiration, die vorher schon stark nachgelassen hat, hört dabei ganz auf. Dieser Punkt läßt sich besonders bei Windstille ziemlich genau erfassen. Dagegen ersieht man aus dem Verlauf des Taufalles, daß *der Beginn der Transpiration* gewichtsmäßig nicht festzustellen ist, da man nicht bestimmen kann, wann die ersten Pflanzenteile mit der Wasserabgabe beginnen. Die Blätter, die der Sonne und dem Wind mehr ausgesetzt sind, werden eher frei von Tau sein und entsprechend früher mit der Transpiration durch Spaltöffnungen und Cuticula beginnen. *Tauverdunstung und Transpiration gehen also ineinander über.*

Fr. Haberlandt (*Burgerstein*[8]) hat die merkwürdige Erscheinung beobachtet, daß vorher in Wasser gelegte Blätter rascher welkten als trocken gebliebene. Später wurde erkannt, daß sich die Stomata im Wasser öffnen. In einem im Freiland durchgeführten Tastversuch wurde festzustellen versucht, ob durch den natürlichen Taubefall ein ähnliches rascheres Welken bewirkt wird. Zu diesem Zwecke wurden mehrere Pflanzen vor Tau bewahrt. Die Rüben blieben nur dann vollkommen frei von Beschlag, wenn sie nicht nur nach oben durch darüber gespannte Planen geschützt wurden, sondern erst als auch der seitliche Luftzutritt abgesperrt wurde. Unter diesem Schutzdach fand eine allerdings nur geringe Transpiration statt. Etwa 3 Stunden vor voraussichtlichem Schluß des Taufalles wurden 3 Gestelle mit je zwei wie für die Transpirationsversuche paraffinierten Rüben gewogen und ins Freie gebracht, um einen natürlichen Taubeschlag zu erzielen. Eine zweite gleiche Serie wurde erst nach beendigtem Taufall, also vollkommen frei von Beschlag, zur Transpiration aufgestellt. Zur gleichen Zeit wurde der Taubefall der ersten Serie gewichtsmäßig festgestellt. Während einer anderthalbstündigen Anwelkzeit, die bei der geringen Wasserabgabe in den Morgenstunden, zwischen 4 und 6 Uhr, möglich war, ohne daß ein sichtbares Welken eintrat, zeigten die benetzten Pflanzen nach Abzug der gewogenen Taumenge einen etwas höheren Wasserverlust als die nicht betauten. Während die unbetauten Rüben in $1^1/_2$ Stunden bei den 3 Wiederholungen 12,5 g, 13,8 g und 11,2 g Wasser abgaben, waren die entsprechenden Zahlen für die mit Tau benetzten 13,7 g, 14,9 g und 16,8 g. Die gewogenen Taumengen betrugen bei der gleichen Reihenfolge der Pflanzen 5,8 g, 5,2 g und 4,7 g. Man muß berücksichtigen, daß bei den betauten Pflanzen in der ersten Zeit durch den verdunstenden Tau die Transpiration wahrscheinlich herabgesetzt wird. Diese Ergebnisse müssen jedoch noch durch exakte Laboratoriumsversuche geprüft werden, um als gesichert angesehen werden zu können. Der Grund für das raschere Welken der in Wasser gelegten Blätter ist nach *Burgerstein*[8] vielleicht in einem Durchlässigerwerden der Zellmembranen zu suchen, oder kann möglicherweise auch allein auf das Öffnen der Stomata zurückgeführt werden. *Wiesner* (*Burgerstein*[8]) ist nicht nur bei abgetrennten Blättern, sondern auch bei der wachsenden Pflanze zu den gleichen Ergebnissen gekommen. Der Tau scheint also eine, wenn auch geringe, transpirationsfördernde Wirkung zu haben und die verhältnismäßig starke Wasserabgabe in den Vormittagsstunden mit zu verursachen.

5. Transpiration in der Nacht.

Die Prüfung der Wasserabgabe während der Nachtstunden kann im Freiland nur in einer taufreien Nacht vorgenommen werden. Die Transpiration läßt schon vor Sonnenuntergang stark nach, um dann während der ganzen Nacht um eine geringe Höhe zu schwanken, je nach den Änderungen der Temperatur und Luftfeuchtigkeit. Bei Sonnenaufgang steigt die Transpiration zunächst langsam, dann sehr rasch. Dieser Verlauf ist naturgemäß weitgehendst von den Umwelteinflüssen abhängig. Da vollkommen taufreie Nächte nicht sehr häufig sind, spielt die Transpiration in der Nacht für den gesamten Wasserhaushalt nur eine untergeordnete Rolle. Es wird sich dabei hauptsächlich um eine cuticuläre Wasserabgabe handeln. Ein Versuch, bei dem die Transpiration freistehender Pflanzen mit der in den Bestand zurückgestellter Rüben verglichen wurde, zeigt, daß es vorwiegend Luftbewegungen sein werden, die die nächtliche Wasserabgabe steigern können (Tab. 25).

Tabelle 25. *Wasserabgabe in der Nacht im Freiland.*

	1. Gestell	2. Gestell	3. Gestell	4. Gestell	5. Gestell	6. Gestell
In 30 Minuten von *freistehenden Pflanzen* . .	6,6	5,3	6,5	5,8	7,7	6,9
Im Bestand aufgestellten .	2,5	2,2	2,3	2,5	2,7	2,8
Frischgewichte	1152,8	1005,9	1206,7	1328,3	1352,8	1445,5

Datum: 21. VIII. 1930, von 23 bis 1 Uhr. Temperatur: 19°, Windstärke: 0,5 m/sec.

Die freistehenden Pflanzen gaben bedeutend mehr Wasser ab, da bei ihnen dauernd die sich bildende Dampfkuppe durch leichte Luftbewegungen entfernt wurde.

Zusammenfassung.

Der Zweck der Arbeit war, verschiedene Fragen allgemeiner Art, die Transpiration betreffend, zu klären und besonders die *Arland*sche Anwelkmethode sowohl im Freiland als auch im Laboratorium in ihrer Anwendung für Betarüben zu ergänzen und mit ihrer Hilfe Prüfungen des Wasserverbrauches verschiedener Sorten vorzunehmen.

Die einleitenden Laboratoriumsversuche *mit jungen Rüben* von etwa 10 cm Größe lassen erkennen, daß abgeschnittene Pflanzen in den ersten 30 Minuten nach dem Abschneiden genau so viel Wasser abgeben wie wachsende. Dagegen zeigen *ältere Rüben* alsbald nach dem Abschneiden eine erhöhte Transpiration, die sowohl im Laboratorium als auch im Freiland nachgewiesen werden konnte. *Dieser Anstieg*, dessen Maximum meist 15 Minuten nach dem Abschneiden erreicht ist, hängt von dem Grad der Turgescenz der Blattzellen ab. Durch raschere Deturgescenz der Nachbarzellen werden *die Stomata nach dem Abschneiden geöffnet*. Wenn aber die Spalten schon vor dem Abschneiden durch volle Sättigung der Wasserkapazität des Bodens und den dadurch bedingten hohen Turgor ihre maximale Öffnungsweite erreicht haben, können sie durch das Abschneiden nicht wesentlich weiter geöffnet werden. Die Versuche ergaben bei Sättigung der Wasserkapazität des Bodens mit 60% regelmäßig einen Transpirationsanstieg, mit 100% dagegen nicht. Bei Sättigungen mit 40 und 80% war die Tendenz nicht einheitlich, während bei 20% ebenfalls kein Anstieg beobachtet werden konnte.

Einzelne Blätter transpirieren, bezogen auf die Gewichtseinheit der frischen Masse, mehr als die ganze Pflanze. Die Ursachen sind Dunstkuppenbildung und gegenseitige Beschattung der ganzen Pflanzen im Gegensatz zu den zum Anwelken einzeln aufgestellten Blättern. Die Blätter einer Pflanze zeigen, bezogen auf die Gewichtseinheit der grünen Masse, wie auch nach ihrer absoluten Wasserabgabe *je nach der Höhe ihrer Ansatzstelle* eine verschieden starke Transpiration. Hierbei zeigte sich regelmäßig folgende Erscheinung: Die äußersten, also ältesten Blätter der Rübe geben am meisten Wasser ab. Nach der Mitte zu nimmt die Stärke der Transpiration ab, um bei den jüngeren, d. h. innersten Blättern wieder anzusteigen. *In Wasser gestellte Blätter*, die an der Schnittfläche nicht abgedichtet waren, transpirierten bedeutend stärker als mit Paraffin abgedichtete. *Der Rübenkörper als solcher* gibt im Vergleich mit den Blättern nur wenig, jedoch immerhin so viel Wasser ab, daß diese Wassermenge bei Sortenvergleichen mit berücksichtigt werden muß. Dies ist um so nötiger, als der Rübenkörper der verschiedenen Rübensorten nach Form und Größe außerordentlich große Verschiedenheiten aufweist.

Die einfachste *Bezugseinheit*, die der Gewichtseinheit an frischer Masse, kann bei Rüben nicht in allen Fällen verwendet werden. Infolge der großen Unterschiede in der Blattentwicklung der einzelnen Sorten hat sich diese Bezugsquelle für Sortenprüfungen nicht als brauchbar erwiesen, weil beim Beziehen der abgegebenen Wassermenge auf das Frischgewicht häufig hohes Blattgewicht mit niedriger Transpiration parallel geht, und umgekehrt. Daher wurde von mir *die durchschnittliche Transpiration einer Pflanze* errechnet. Auf diese Weise wurden Sortenunterschiede gefunden, die den erfahrungsgemäß vorhandenen parallel liefen.

Streubreitenversuche lassen infolge der meist großen Formenbuntheit der Sorten große Unterschiede im Wasserverbrauch der einzelnen Individuen erkennen. Das verschieden hohe Blattgewicht hat den größten Einfluß auf die Streubreite.

Bei den *Sortenprüfungen* hat sich gezeigt, daß man mit der Anwelkmethode bei jungen in Kästen gezogenen Pflanzen *im Laboratorium* keine sicheren Sortenunterschiede feststellen kann, da die Wasserabgabe zu gering ist. Auch *im Freiland* wurden mit jungen Pflanzen schlechte Erfahrungen gemacht, da die kleinen, der Sonne ausgesetzten Rübenpflänzchen so stark welkten, daß sie vollkommen in sich zusammenfielen. Einwandfreie Werte können erst an älteren Pflanzen, d. h. von Mitte Juni an, bei etwa 20 cm Größe der Rüben gewonnen werden. Nur *Pflanzen von ausgeglichener Beschaffenheit* ohne grobe Beschädigungen dürfen zu Sortenprüfungen benutzt werden. Randpflanzen und Lückennachbarn sind auszuschalten. *Das günstigste Alter* für Transpirationsversuche haben Rüben etwa Mitte Juli erreicht. *Von der Wasserabgabe der Sorten innerhalb einer beschränkten Zeitspanne kann bei Rüben im Gegensatz zu Getreide auf das Verhalten während der ganzen Wachstumsdauer geschlossen werden*, wenigstens traten wesentliche Verschiebungen in der Reihenfolge der Sorten nachträglich nicht mehr ein. Für Sortenprüfungen werden am besten alle aus der Erde herausragenden Teile der Pflanze in ihrer natürlichen Wuchsform benutzt. Besondere, die Pflanzen aufnehmende Transpirationsgestelle haben sich für Rüben als unentbehrlich erwiesen.

Sortentranspirationsversuche wurden in den beiden Jahren 1929 und 1930 an einer großen Zahl von Individuen von 21 Sorten ausgeführt. *Der Verlauf der Wasserabgabe im Jahre 1929* zeigt infolge der geringen Bodenfeuchtigkeit im Sommer niedrige Verdunstungswerte. Die untersuchten Sorten stimmen in der Reihenfolge der Höhe ihres

Wasserverbrauchs an den einzelnen Versuchstagen gut überein. 1930 war die Übereinstimmung der durch häufige Regenfälle gestörten Versuche nicht so gut.

Die auf ihren absoluten Wasserverbrauch geprüften wichtigsten Sorten zeigten, bezogen auf „Kirsches Ideal" als Standard gleich 100 gesetzt, folgende Reihenfolge:

Name der Sorte	Im Jahre 1929	Im Jahre 1930
Runkelrüben:		
Kirsches Ideal	100	100
Friedrichswerther Zuckerwalze	96,6	96,0
Substantia	93,2	95,4
Mettes Rote	86,8	88,1
Criewener Gelbe	86,8	91,9
Ovana	86,4	85,4
Veni, vidi, vici	86,4	105,2
Eckendorfer Gelbe	80,3	87,1
Schladener Gelbe	—	97,8
Walthers Rote	—	92,4
Mettes Gelbe	—	90,3
Lawaetz' gelbe Barres	—	86,0
Zuckerrüben:		
Kleinwanzlebener Z	—	90,7
Dieckmanns	—	90,2
Kleinwanzlebener E	85,6	90,0
Sperlings	—	85,1
Rimpaus	—	83,5
Strubes Z	—	83,5
Strubes E	—	78,8

In beiden Jahren kann man deutlich erkennen, daß die jeweilige Transpirationshöhe durch das *Zusammenwirken der verschiedenen Umweltfaktoren* bestimmt wird. Zuckerrüben zeigen in der *Blattentwicklung* insofern einen beträchtlichen Unterschied als sie, zunächst mit den Futterrüben auf einer Höhe liegend, im Herbst eine größere Blattmasse haben als diese. Bei den Runkelrüben sterben schon eher die ältesten Blätter ab. Die Folge davon ist, daß Zuckerrüben in den Monaten September und Oktober ein prozentual niedrigere, absolut dagegen höhere Transpiration aufweisen als Runkelrüben. Die Monate Juli und August sind für das Wachstum der Rüben hauptausschlaggebend, deswegen ist der Wasserverbrauch in diesen Monaten in erster Linie entscheidend.

Hohes *Blattgewicht* geht nicht immer mit großem absoluten Wasserbedarf parallel. In den Rangordnungen befinden sich einige Sorten, die bei verhältnismäßig hohem Blattgewicht einen geringeren Wasserbedarf haben. Bei einigen Sorten wird das hohe Blattgewicht durch besonders dicke Blattstiele verursacht, die im Vergleich mit den Spreiten nur wenig Wasser abgeben.

Die *Blattoberfläche* ist keine bessere Bezugseinheit als die Einheit des Frischgewichtes. Messungen der Oberfläche werden durch Blattwellungen und gekräuselte Blattränder sehr erschwert. *Blattarme* Sorten neigen zur Bildung herabhängender Blätter und weisen dadurch, auf das Frischgewicht bezogen, eine stärkere Transpiration auf. Bei den *blattreicheren* Sorten können durch die aufrechte Stellung der Blätter Licht und Wind nicht so leicht ihre transpirationsfördernde Wirkung ausüben wie bei den blattärmeren.

Die *Höhe der Wasserabgabe* ist Sorteneigentümlichkeit und am morphologischen Aufbau meist nicht ohne weiteres zu erkennen. Die Feststellung der Transpirationsgröße mit Hilfe der Anwelkmethode kann auch zum Erkennen von Unterschieden äußerlich gleicher Sorten für Identitätsversuche benutzt werden.

Im Freiland reagieren Rüben sofort auf die *Belichtungsänderungen*. Im Laboratorium dagegen ließen sich Unterschiede in der Stärke der Transpiration bei Schwankungen der Belichtung in den Grenzen von 200—800 Watt nicht nachweisen.

Bei großer *Bodenfeuchtigkeit* ist auch die Wasserabgabe groß, wenn nicht gerade andere Witterungsfaktoren transpirationshemmend wirken. Aber auch bei hoher Sättigung der Wasserkapazität des Bodens können Sorten mit geringen Ansprüchen an Feuchtigkeit herausgefunden werden. Einige Sorten zeigen allerdings eine sehr große Anpassungsfähigkeit.

Zur Beseitigung der sich über einer Pflanze bildenden Dampfkuppe genügt schon ein ganz schwacher Luftstrom von etwa 0,1 m/sec Geschwindigkeit. *Durch verstärkten* Wind wird die Transpiration erhöht. Von einer Grenze an, die für ungefähr 30 cm große Rüben im Laboratorium bei einer Windgeschwindigkeit von 0,75 m/sec liegt, sinkt sie jedoch tiefer, um bei etwa 1,5 m/sec sogar unter die Transpiration der vor Luftbewegungen geschützten Pflanze zu sinken. Die Stomata werden bei starkem Wind nach *Seybold*[26] durch die verstärkte Cuticulartranspiration und die damit verbundene Deturgeszenz der Epidermiszellen geschlossen. Die Luftbewegung beeinflußt abgeschnittene Pflanzen genau so wie die im Gefäß wurzelnden.

Zur genauen Messung der in einer Nacht auf eine mit Pflanzen bestandene Fläche fallenden Taumenge haben sich die Transpirationsgestelle mit Pflanzen, die wie für die Transpirationsversuche paraffiniert wurden, gut bewährt. Es kann auf diese Weise der Verlauf des Taufalls in kurzen Zwischenräumen gewichtsmäßig festgestellt werden.

Das Aufhören der Transpiration am Abend kann ziemlich genau erkannt werden. Der Beginn in den Morgenstunden ist dagegen nicht deutlich zu bemerken, da Tauverdunstung und beginnende Transpiration ineinander übergehen. Zwischen Tau und Transpiration besteht wahrscheinlich insofern ein Zusammenhang, als betaute Pflanzen mehr transpirieren als unbetaut gebliebene. Der Grund ist nach *Burgerstein*[8] vielleicht in einem Durchlässigerwerden der Zellmembranen durch längeres Liegen im Wasser zu suchen, oder die sich im Wasser öffnenden Stomata bewirken allein die stärkere Transpiration.

Die Wasserabgabe spielt *in der Nacht* eine untergeordnete Rolle, da in den meisten Nächten Tau fällt, der sie aufhebt. Die Transpiration in taufreien Nächten wird vor allem durch Luftbewegung gefördert, die die Dunstkuppen beseitigt.

Literaturverzeichnis.

[1] *Arland, A.*, Der Wasserhaushalt der landwirtschaftlichen Kulturpflanzen in kritisch-experimenteller Betrachtung. Arch. Landw. Abt. A, **1929**, H. 1 — [2] Das Wasserhaushaltproblem der landwirtschaftlichen Kulturpflanzen in kritisch-experimenteller Betrachtung. Arch. Landw. Abt. A, **1929**, H. 2 — [3] Zur Methodik der Transpirationsbestimmungen am Standort. Ber. dtsch. bot. Ges. **47** (1929) — [4] Ein neues Verfahren zur Bestimmung des Wasserverbrauches bei Sorten und Zuchtstämmen. Mitt. der DLG. **44**, Stück 21 (1929). — [5] *Bachmann, F.*, Ein neuer Actinograph. Planta (Berl.) **11** (1930). — [6] *Baumann, E.*, Deutsche Pflanzenzucht. Stuttgart 1928. — [7] *Benecke* u. *Jost*, Pflanzenphysiologie. Jena 1924. — [8] *Burgerstein, A.*, Die pflanzliche Transpiration. 1. Teil 1904 — [9] 2. Teil 1920 — [10] 3. Teil 1925. — [11] *Dikussar*, Wirkung des Ammonsulfates und Salpeters auf Zuckerrüben. Landw. Jb. **1930**, H. 1. — [12] Deutsche Landwirtschaftsgesellschaft, Arbeiten H. 242, 298, 312, 327 u. 348. — [13] *Gradmann, H.*, Windschutzeinrichtungen in den Spaltöffnungen der Pflanzen. Jb. Bot. **62** (1923). — [14] Hiltner, Der Tau und seine Bedeutung für den Pflanzenbau. Arch. Landw. Abt. A, **1930**, H. 3. — [15] *Huber, B.*, Zur Methodik der Transpirationsbestimmung am Standort. Ber. dtsch. bot. Ges. **45** (1927). — [16] Zur Physik der Spaltöffnungstranspiration. Ber. dtsch. bot. Ges. **46** (1928). — [17] *Iwanoff, L.*, Zur Methodik der Transpirationsbestimmung am Standort. Ber. dtsch. bot. Ges. **46** (1928). — [18] *Maue, W.*, Ist es bei unseren Kulturgräsern möglich, aus einem Pflanzenbestande die hinsichtlich der Transpiration wichtigen Varianten herauszufinden, und kann das Transpirationsvermögensverhältnis etwas über den relativen Xeromorphismus und Hygrophytismus aussagen? Angew. Bot. **9** (1927). — [19] *Maximow, N. A.*, The Plant in Relation to Water. London 1929. — [20] *Mayer, K.*, Studien über den Wasserhaushalt des Hafers. Ein Beitrag zum Xerophyten-Problem unserer landwirtschaftlichen Kulturpflanzen. J. Landw. **78** (1930). — [19] *Mitscherlich, A.*, Bodenkunde für Land- und Forstwirte. 1923. — [22] *Opitz* u. *Rathsack*, Über das Verhalten von Getreidesorten bei verschiedenem Wassergehalt des Bodens. v. Rümker-Festschrift. Berlin: Parey 1929. — [23] *Paetz, K. W.*, Untersuchungen über die Zusammenhänge zwischen stomatärer Öffnungsweite und bekannten Intensitäten bestimmter Spektralbezirke. Planta (Berl.) **10** (1930). — [24] *Pfeiffer, Th.*, Der Vegetationsversuch. — [25] *Reiss, G.*, Die Weiterentwicklung der Anwelkmethode und ihre Verwendung zur Beantwortung

von Sorten- und Düngungsfragen. Inaug.-Diss. Leipzig 1930. — [26] *Seybold, A.*, Die pflanzliche Transpiration. 1. Teil. Erg. Biol. **5** (1930) — [27] 2. Teil. Erg. Biol. **6** (1930). — [28] *Sierp* u. *Seybold*, Untersuchungen zur Physik der Transpiration. Planta (Berl.) **3** (1927). — [29] *Stocker, O.*, Eine Feldmethode zur Bestimmung der momentanen Transpirations- und Evaporationsgröße. Ber. dtsch. bot. Ges. **47** (1929). — [30] *Tumanow*, Welken und Dürreresistenz. Arch. Landw. Abt. A **1930**. — [31] *Weber, F.*, Stomata-Öffnen welkender Blätter. Ber. dtsch. bot. Ges. **45** (1927). — [32] *Zade, A.*, Die mit dem Anwelkverfahren zur Bestimmung des Wasserverbrauchs bei Getreide und Hackfrüchten erzielten praktischen Ergebnisse. Mitt. der DLG. **44**, Stück 21 (1929). — [33] Neue Untersuchungen über den Wasserhaushalt der Kulturpflanzen. Arb. d. Leipziger Ökonom. Sozietät **1930**.

Des weiteren sei auf die Literaturangaben bei *Arland*[1] verwiesen.

Vorliegende Arbeit wurde unter der Leitung von Prof. *Zade* am Institut für Pflanzenbau und Züchtung der Universität Leipzig in den Jahren 1929 und 1930 ausgeführt. Auch an dieser Stelle sei Herrn Prof. *Zade* für seine weitgehende Unterstützung und Förderung bestens gedankt. Ebenso bin ich Herrn Privatdozent Dr. *Arland* sowie allen Angehörigen des Institutes, die zum Gelingen der Arbeit beigetragen haben, zum Danke verpflichtet.

Lebenslauf.

Als Sohn des Oberamtsbaumeisters Kurt Philipp wurde ich, Werner Philipp, am 27. April 1905 in Chemnitz geboren. An den Besuch der Realschule in Dresden-Neustadt, die ich 1921 verließ, schlossen sich 5 Jahre praktischer landwirtschaftlicher Tätigkeit an. Nach Abschluß der zweijährigen Lehrzeit auf Rittergut Wiederau bei Rochlitz in Sachsen und nach Ablegung der Kammerprüfung war ich noch 3 Jahre als Gutsverwalter tätig. 1 Jahr davon noch in Wiederau und 2 Jahre auf Rittergut Grödel bei Riesa. Von Sommersemester 1926 bis 1931 war ich als Studierender der Landwirtschaft in Leipzig immatrikuliert. Gleichzeitig bereitete ich mich für das Maturitätsexamen vor, das ich Ostern 1928 an der Humboldt-Oberrealschule in Leipzig bestand. Nach sechssemestrigem Studium legte ich die Diplomprüfung ab. Später schlossen sich noch die Prüfungen für die Tätigkeit als Saatzuchtinspektor und als Kulturtechniker an.

If you have any concerns about our products, please contact us:

Products, Keytext representative

In case of children with blister, contact us (?)
the EU consumer representative
Stronger Animal Chemical Services B.V. GmbH
Shropshire 1, 22145 Heidenheim, Germany.

Printed by SCIO Printers GmbH
in Heidelberg, Germany

MIX
Papier aus verantwortungsvollen Quellen
Paper from responsible sources
FSC® C105338

If you have any concerns about our products,
you can contact us on
ProductSafety@springernature.com

In case Publisher is established outside the EU,
the EU authorized representative is:
**Springer Nature Customer Service Center GmbH
Europaplatz 3, 69115 Heidelberg, Germany**

Printed by Libri Plureos GmbH
in Hamburg, Germany